Addition and Subtraction

256)	18	257)	27	258)	80
+	8	+	3	+	4

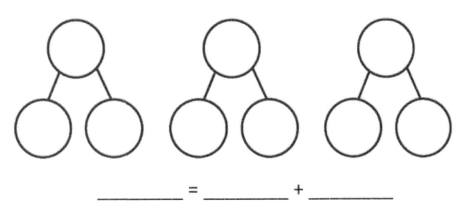

_____ = _____ + _____

_____ + _____ = _____

Multiplication and Division

43)	65	44)	40	45)	92
x	6	÷	3	÷	5

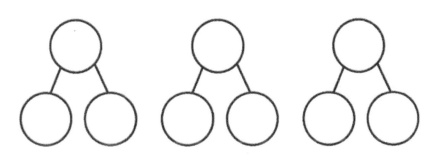

___ x ___ = ___   ___ x ___ = ___   ___ x ___ = ___

___ ÷ ___ = ___   ___ ÷ ___ = ___   ___ ÷ ___ = ___

Addition and Subtraction

256)	18	257)	27	258)	80
+	8	+	3	+	4

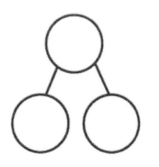 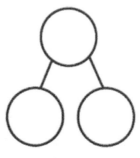 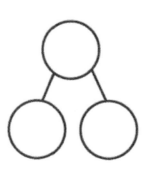

_____ = _____ + _____

_____ + _____ = _____

Multiplication and Division

43)	65	44)	40	45)	92
x	6	÷	3	÷	5

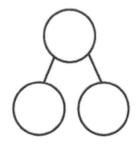 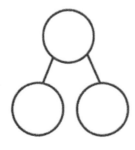 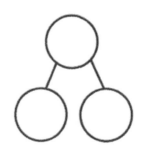

___ x ___ = ___   ___ x ___ = ___   ___ x ___ = ___

___ ÷ ___ = ___   ___ ÷ ___ = ___   ___ ÷ ___ = ___

Addition and Subtraction

1)   57
  -     7

2)   47
  +   9

3)   57
  -    3

4)   97
  -    4

5)   10
  -    2

6)   80
  +   3

7)   81
  +   4

8)   91
  -    9

9)   88
  -    8

10)   40
  +   2

11)   85
  -    3

12)   13
  +   7

13)   63
  -    1

14)   37
  +   9

15)   49
  +   5

Addition and Subtraction

16) 56
  -   6
  _____

17) 65
  +   6
  _____

18) 62
  +   9
  _____

19) 79
  +   3
  _____

20) 86
  -   2
  _____

21) 20
  +   6
  _____

22) 50
  +   1
  _____

23) 75
  +   5
  _____

24) 35
  +   5
  _____

25) 43
  -   5
  _____

26) 62
  -   6
  _____

27) 12
  -   2
  _____

28) 53
  +   8
  _____

29) 32
  +   1
  _____

30) 11
  -   5
  _____

Addition and Subtraction

31)   27
  -      2
_____

32)   71
  -      8
_____

33)   35
  +   8
_____

34)   58
  +   5
_____

35)   96
  +   2
_____

36)   99
  -      3
_____

37)   93
  -      6
_____

38)   39
  -      1
_____

39)   94
  -      4
_____

40)   23
  -      7
_____

41)   63
  +   5
_____

42)   41
  -      2
_____

43)   34
  -      9
_____

44)   72
  +   9
_____

45)   17
  +   3
_____

Addition and Subtraction

46)   12
-        8
_____

47)   56
-        8
_____

48)   34
+   7
_____

49)   54
+   7
_____

50)   44
+   1
_____

51)   31
+   5
_____

52)   27
+   2
_____

53)   67
+   4
_____

54)   23
+   6
_____

55)   88
-        5
_____

56)   31
+   7
_____

57)   11
+   8
_____

58)   17
+   9
_____

59)   79
+   2
_____

60)   82
+   6
_____

Addition and Subtraction

61)   19
  +   9
_____

62)   38
  +   3
_____

63)   59
  -     9
_____

64)   95
  -     3
_____

65)   76
  +   4
_____

66)   83
  -     6
_____

67)   91
  -     2
_____

68)   93
  +   4
_____

69)   63
  +   8
_____

70)   26
  +   3
_____

71)   27
  +   7
_____

72)   47
  +   4
_____

73)   85
  -     6
_____

74)   60
  +   5
_____

75)   32
  +   4
_____

Addition and Subtraction

76)   30
    +   2
    _____

77)   44
    -     8
    _____

78)   68
    -     5
    _____

79)   95
    +   6
    _____

80)   30
    -     5
    _____

81)   47
    -     5
    _____

82)   33
    -     2
    _____

83)   71
    -     1
    _____

84)   64
    +   7
    _____

85)   49
    -     6
    _____

86)   86
    -     1
    _____

87)   82
    +   8
    _____

88)   10
    -     2
    _____

89)   92
    -     9
    _____

90)   66
    +   9
    _____

Addition and Subtraction

91)   50
 -    9
_____

92)   73
 -    9
_____

93)   75
 -    2
_____

94)   17
 -    4
_____

95)   84
 -    8
_____

96)   73
 +   3
_____

97)   33
 -    5
_____

98)   67
 +   5
_____

99)   87
 -    1
_____

100)   79
 +   8
_____

101)   45
 -    7
_____

102)   13
 +   5
_____

103)   22
 +   5
_____

104)   51
 -    9
_____

105)   73
 +   8
_____

Addition and Subtraction

106)   93
      - 5
    _____

107)   99
      + 9
    _____

108)   99
      + 2
    _____

109)   15
      - 1
    _____

110)   28
      - 1
    _____

111)   60
      - 6
    _____

112)   96
      - 3
    _____

113)   77
      + 4
    _____

114)   25
      + 7
    _____

115)   72
      - 5
    _____

116)   20
      + 7
    _____

117)   15
      + 8
    _____

118)   62
      - 3
    _____

119)   94
      + 3
    _____

120)   35
      - 3
    _____

Addition and Subtraction

121)   52
  -     3
_____

122)   35
  -     4
_____

123)   96
  +   7
_____

124)   30
  +   2
_____

125)   71
  -     1
_____

126)   14
  -     7
_____

127)   11
  -     2
_____

128)   96
  +   9
_____

129)   19
  -     3
_____

130)   94
  +   2
_____

131)   42
  -     1
_____

132)   70
  +   3
_____

133)   23
  -     4
_____

134)   84
  -     4
_____

135)   14
  -     1
_____

Addition and Subtraction

136)   62
  +   2
_____

137)   36
  -    9
_____

138)   41
  -    8
_____

139)   93
  -    8
_____

140)   89
  -    3
_____

141)   28
  -    7
_____

142)   36
  -    4
_____

143)   74
  -    6
_____

144)   55
  -    1
_____

145)   42
  +   6
_____

146)   31
  -    9
_____

147)   65
  +   4
_____

148)   33
  -    2
_____

149)   16
  +   6
_____

150)   29
  -    3
_____

Addition and Subtraction

151)   37
      - 4
      _____

152)   22
      + 2
      _____

153)   61
      + 1
      _____

154)   95
      - 4
      _____

155)   36
      + 1
      _____

156)   60
      + 3
      _____

157)   95
      + 8
      _____

158)   47
      + 5
      _____

159)   43
      - 5
      _____

160)   36
      - 2
      _____

161)   48
      - 9
      _____

162)   91
      + 7
      _____

163)   94
      - 7
      _____

164)   26
      - 9
      _____

165)   23
      + 4
      _____

Addition and Subtraction

166)   92
+   7
_____

167)   50
-   4
_____

168)   71
+   2
_____

169)   60
-   9
_____

170)   39
+   8
_____

171)   67
+   3
_____

172)   96
+   2
_____

173)   44
+   2
_____

174)   11
+   8
_____

175)   14
-   7
_____

176)   54
+   7
_____

177)   22
-   2
_____

178)   87
+   6
_____

179)   98
-   4
_____

180)   46
-   8
_____

Addition and Subtraction

181)   10
-    1
_____

182)   27
+   2
_____

183)   96
-    2
_____

184)   25
-    8
_____

185)   86
-    5
_____

186)   65
-    9
_____

187)   50
+   7
_____

188)   52
+   3
_____

189)   89
-    7
_____

190)   40
-    7
_____

191)   12
-    8
_____

192)   10
-    2
_____

193)   37
+   4
_____

194)   85
-    3
_____

195)   42
-    9
_____

Addition and Subtraction

196)   85
  +   1
_____

197)   67
  +   7
_____

198)   53
  -    1
_____

199)   96
  -    3
_____

200)   24
  +   1
_____

201)   15
  +   4
_____

202)   75
  -    8
_____

203)   50
  +   7
_____

204)   65
  -    4
_____

205)   23
  +   8
_____

206)   42
  -    5
_____

207)   77
  +   7
_____

208)   40
  -    4
_____

209)   65
  +   5
_____

210)   71
  -    4
_____

Addition and Subtraction

211)   15
  -    3
_____

212)   40
  +   3
_____

213)   68
  -    7
_____

214)   87
  -    5
_____

215)   76
  +   1
_____

216)   95
  +   3
_____

217)   98
  -    6
_____

218)   41
  -    9
_____

219)   69
  +   8
_____

220)   79
  +   8
_____

221)   14
  +   4
_____

222)   43
  -    3
_____

223)   84
  +   8
_____

224)   70
  -    6
_____

225)   45
  -    7
_____

Addition and Subtraction

226)	91	227)	21	228)	26
+	4	+	2	-	8

229)	44	230)	76	231)	56
-	3	-	6	+	4

232)	42	233)	96	234)	44
+	8	+	5	+	4

235)	12	236)	37	237)	40
+	7	+	4	+	6

238)	84	239)	30	240)	61
+	8	-	6	-	9

Addition and Subtraction

241)   88
    -    3
_____

242)   20
    -    9
_____

243)   37
    +   7
_____

244)   45
    +   5
_____

245)   81
    -    2
_____

246)   27
    +   9
_____

247)   95
    +   7
_____

248)   97
    -    3
_____

249)   16
    -    6
_____

250)   87
    +   7
_____

251)   11
    +   3
_____

252)   33
    +   1
_____

253)   62
    -    9
_____

254)   32
    -    5
_____

255)   26
    -    1
_____

Addition and Subtraction

256)   18
+   8
___

257)   27
+   3
___

258)   80
+   4
___

259)   96
+   8
___

260)   87
-    3
___

261)   25
-    6
___

262)   42
+   2
___

263)   45
-    7
___

264)   29
+   9
___

265)   68
+   1
___

266)   55
+   5
___

267)   30
+   9
___

268)   62
+   9
___

269)   53
-    2
___

270)   43
-    1
___

Addition and Subtraction

271) 50
    + 2
    _____

272) 58
    -   3
    _____

273) 33
    + 1
    _____

274) 32
    + 5
    _____

275) 18
    -   3
    _____

276) 43
    + 7
    _____

277) 37
    + 6
    _____

278) 12
    + 9
    _____

279) 95
    + 2
    _____

280) 13
    + 1
    _____

281) 35
    -   7
    _____

282) 45
    -   1
    _____

283) 60
    -   6
    _____

284) 39
    + 1
    _____

285) 45
    + 2
    _____

Addition and Subtraction

286)   37
   +   9
_____

287)   87
   +   1
_____

288)   34
   +   9
_____

289)   54
   -    8
_____

290)   57
   -    2
_____

291)   11
   -    5
_____

292)   28
   +   5
_____

293)   54
   -    3
_____

294)   74
   -    7
_____

295)   97
   -    7
_____

296)   18
   -    5
_____

297)   52
   -    9
_____

298)   57
   -    9
_____

299)   46
   -    8
_____

300)   13
   +   3
_____

Answers

1) 50	2) 56	3) 54
4) 93	5) 8	6) 83
7) 85	8) 82	9) 80
10) 42	11) 82	12) 20
13) 62	14) 46	15) 54
16) 50	17) 71	18) 71
19) 82	20) 84	21) 26
22) 51	23) 80	24) 40
25) 38	26) 56	27) 10
28) 61	29) 33	30) 6
31) 25	32) 63	33) 43
34) 63	35) 98	36) 96
37) 87	38) 38	39) 90
40) 16	41) 68	42) 39
43) 25	44) 81	45) 20
46) 4	47) 48	48) 41
49) 61	50) 45	51) 36
52) 29	53) 71	54) 29
55) 83	56) 38	57) 19
58) 26	59) 81	60) 88

61) 28	62) 41	63) 50
64) 92	65) 80	66) 77
67) 89	68) 97	69) 71
70) 29	71) 34	72) 51
73) 79	74) 65	75) 36
76) 32	77) 36	78) 63
79) 101	80) 25	81) 42
82) 31	83) 70	84) 71
85) 43	86) 85	87) 90
88) 8	89) 83	90) 75
91) 41	92) 64	93) 73
94) 13	95) 76	96) 76
97) 28	98) 72	99) 86
100) 87	101) 38	102) 18
103) 27	104) 42	105) 81
106) 88	107) 108	108) 101
109) 14	110) 27	111) 54
112) 93	113) 81	114) 32
115) 67	116) 27	117) 23
118) 59	119) 97	120) 32

121) 49	122) 31	123) 103
124) 32	125) 70	126) 7
127) 9	128) 105	129) 16
130) 96	131) 41	132) 73
133) 19	134) 80	135) 13
136) 64	137) 27	138) 33
139) 85	140) 86	141) 21
142) 32	143) 68	144) 54
145) 48	146) 22	147) 69
148) 31	149) 22	150) 26
151) 33	152) 24	153) 62
154) 91	155) 37	156) 63
157) 103	158) 52	159) 38
160) 34	161) 39	162) 98
163) 87	164) 17	165) 27
166) 99	167) 46	168) 73
169) 51	170) 47	171) 70
172) 98	173) 46	174) 19
175) 7	176) 61	177) 20
178) 93	179) 94	180) 38

181) 9	182) 29	183) 94
184) 17	185) 81	186) 56
187) 57	188) 55	189) 82
190) 33	191) 4	192) 8
193) 41	194) 82	195) 33
196) 86	197) 74	198) 52
199) 93	200) 25	201) 19
202) 67	203) 57	204) 61
205) 31	206) 37	207) 84
208) 36	209) 70	210) 67
211) 12	212) 43	213) 61
214) 82	215) 77	216) 98
217) 92	218) 32	219) 77
220) 87	221) 18	222) 40
223) 92	224) 64	225) 38
226) 95	227) 23	228) 18
229) 41	230) 70	231) 60
232) 50	233) 101	234) 48
235) 19	236) 41	237) 46
238) 92	239) 24	240) 52

241) 85	242) 11	243) 44
244) 50	245) 79	246) 36
247) 102	248) 94	249) 10
250) 94	251) 14	252) 34
253) 53	254) 27	255) 25
256) 26	257) 30	258) 84
259) 104	260) 84	261) 19
262) 44	263) 38	264) 38
265) 69	266) 60	267) 39
268) 71	269) 51	270) 42
271) 52	272) 55	273) 34
274) 37	275) 15	276) 50
277) 43	278) 21	279) 97
280) 14	281) 28	282) 44
283) 54	284) 40	285) 47
286) 46	287) 88	288) 43
289) 46	290) 55	291) 6
292) 33	293) 51	294) 67
295) 90	296) 13	297) 43
298) 48	299) 38	300) 16

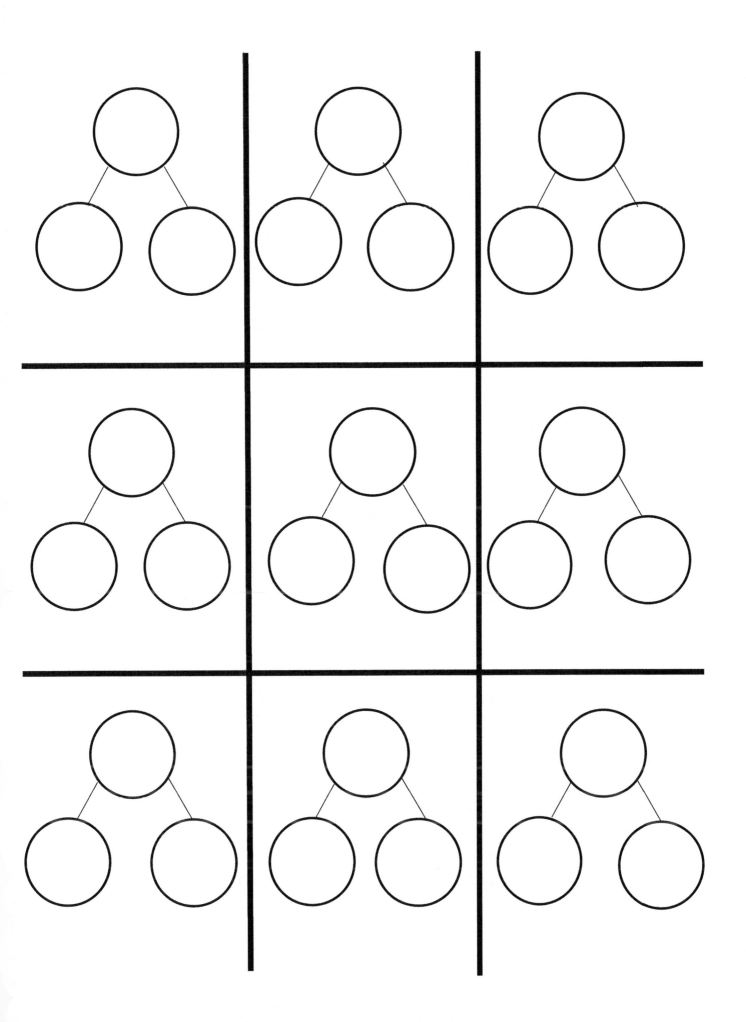

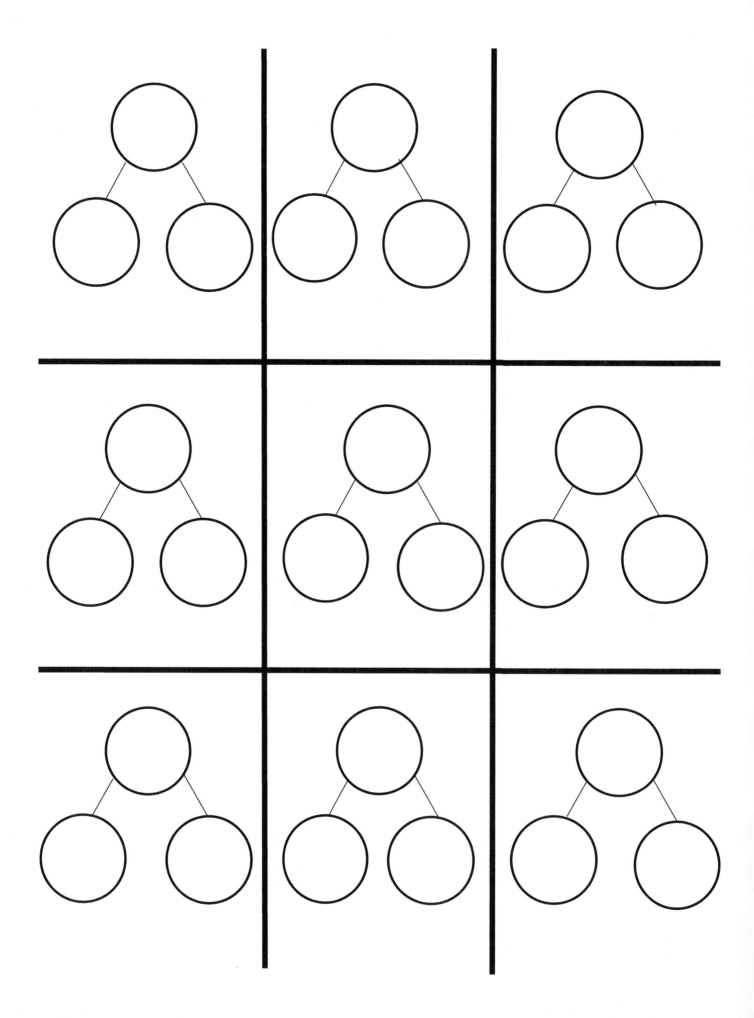

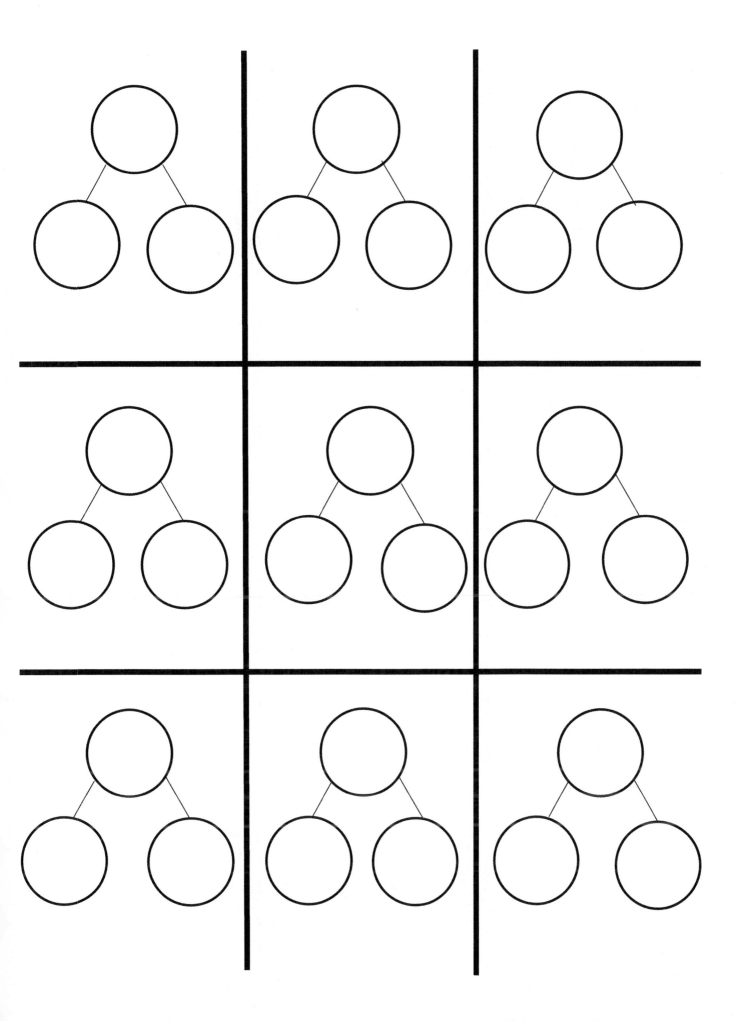

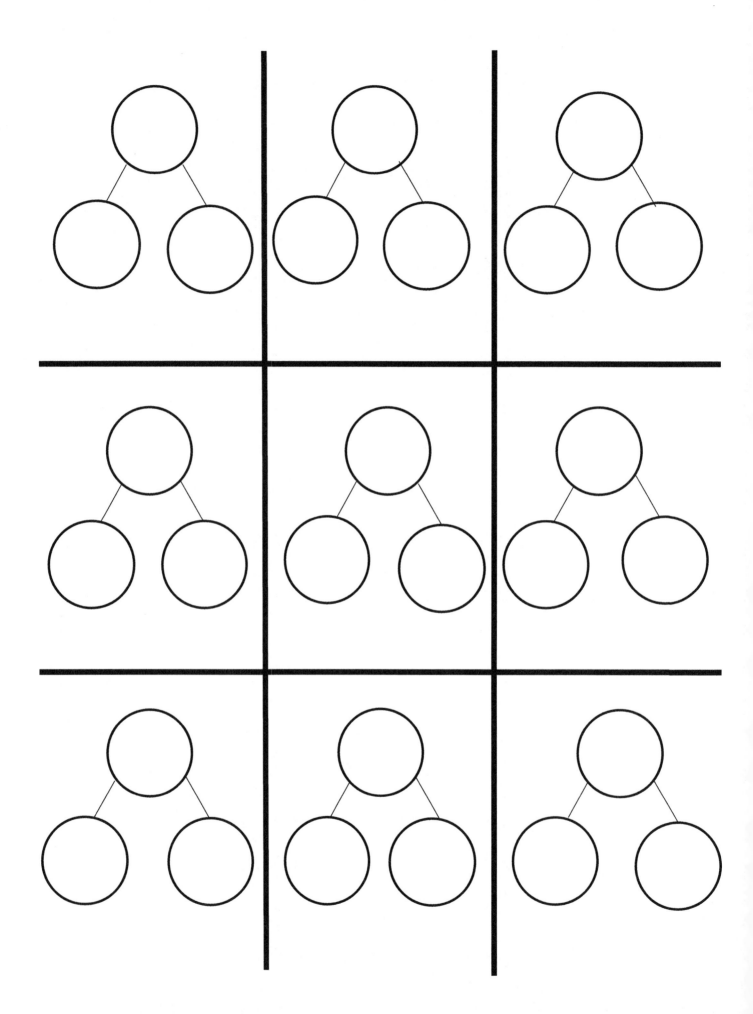

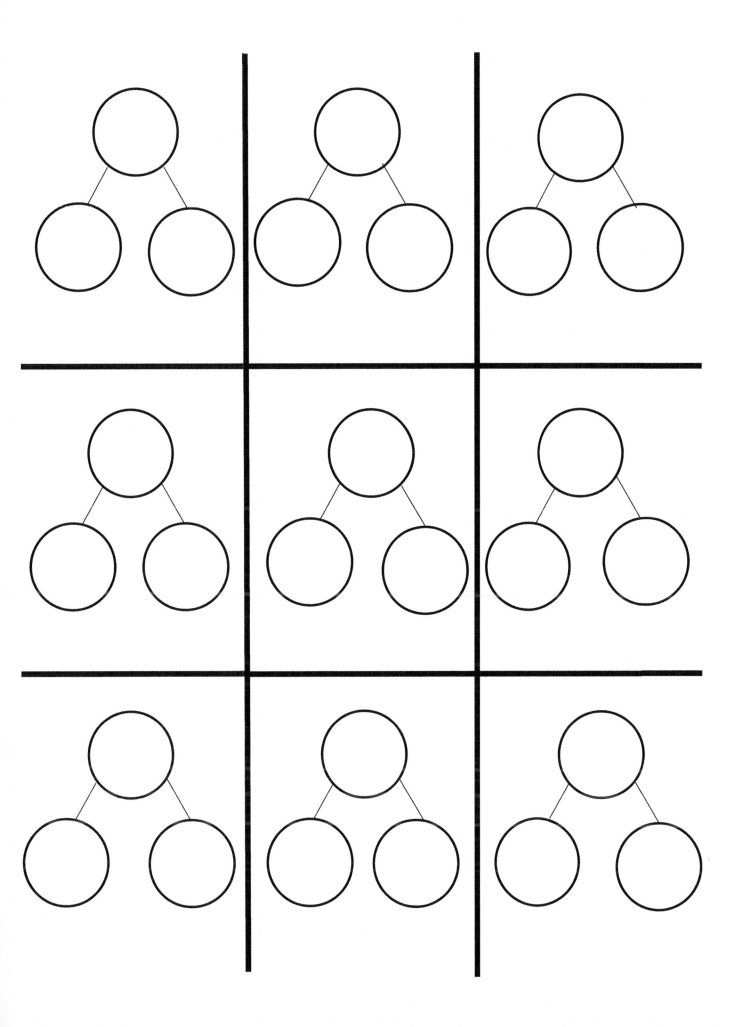

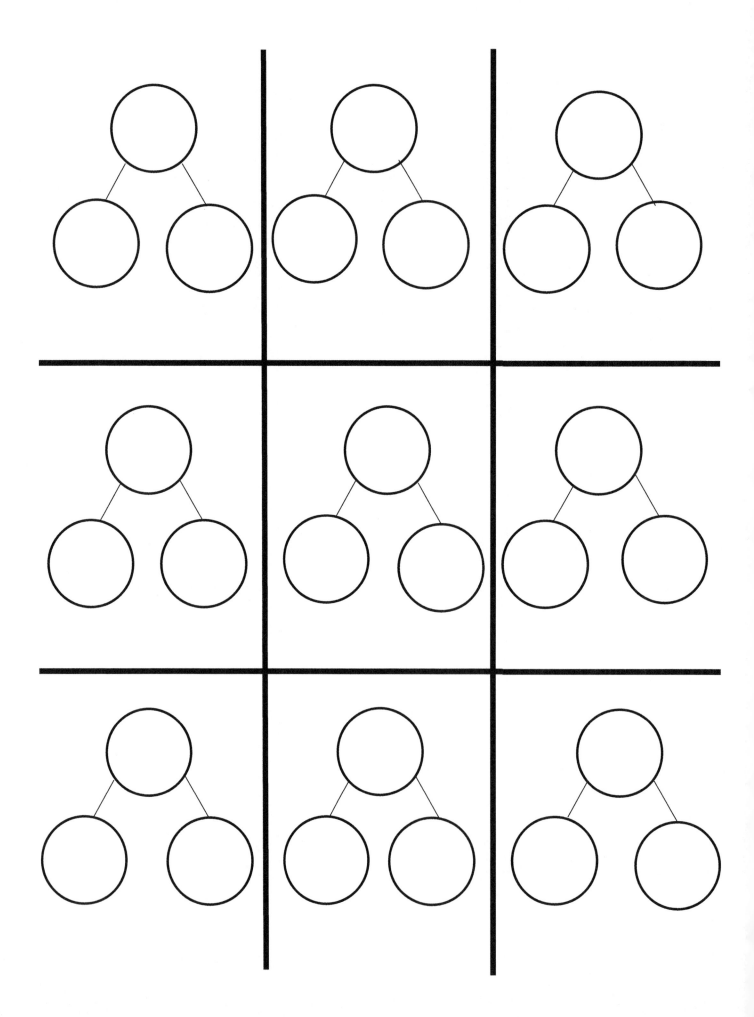

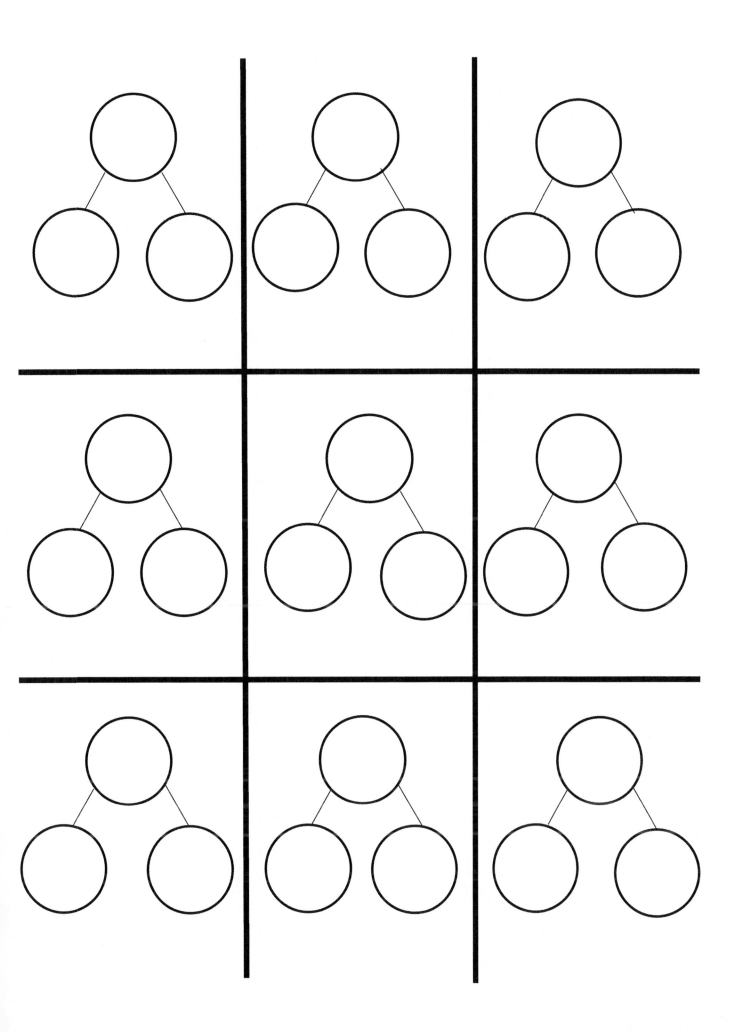

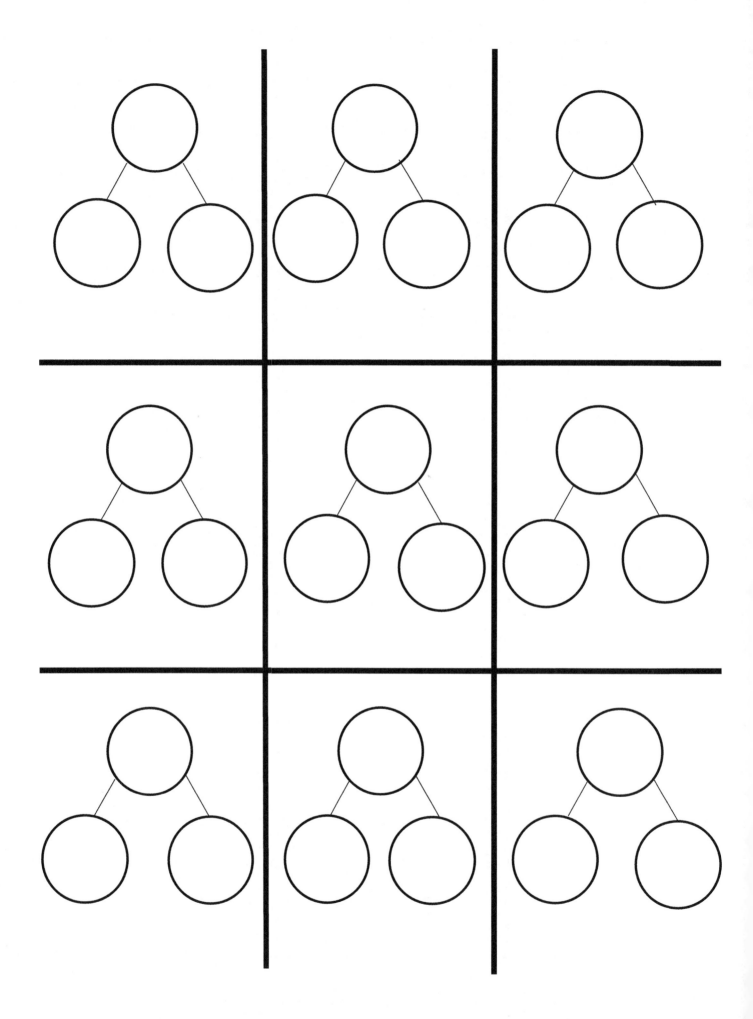

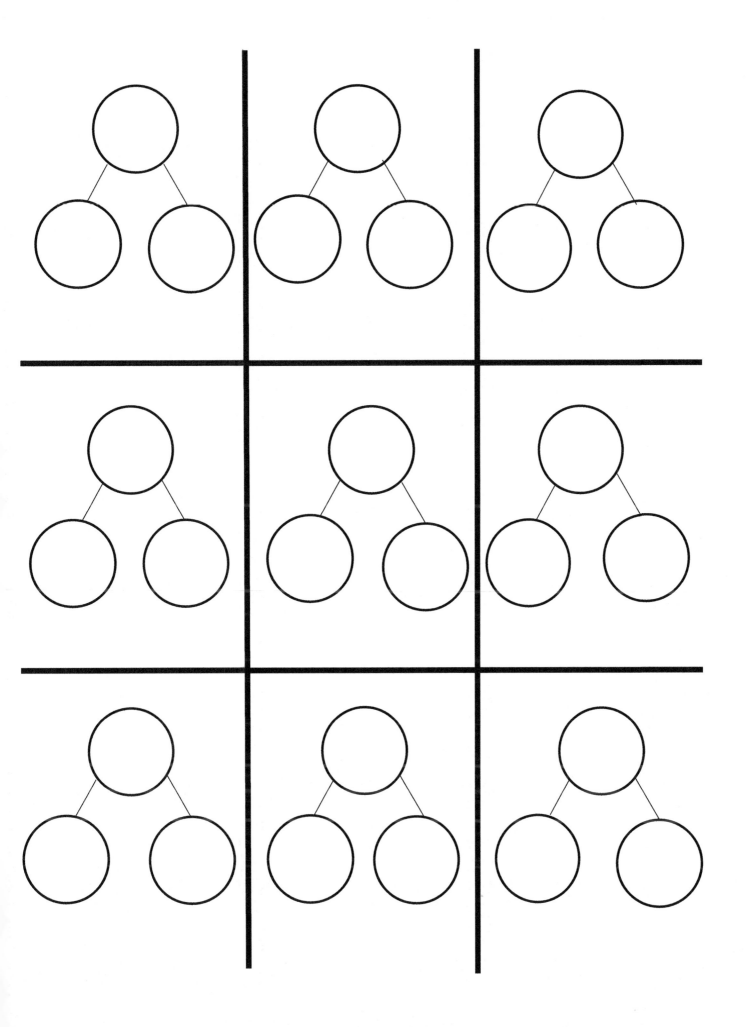

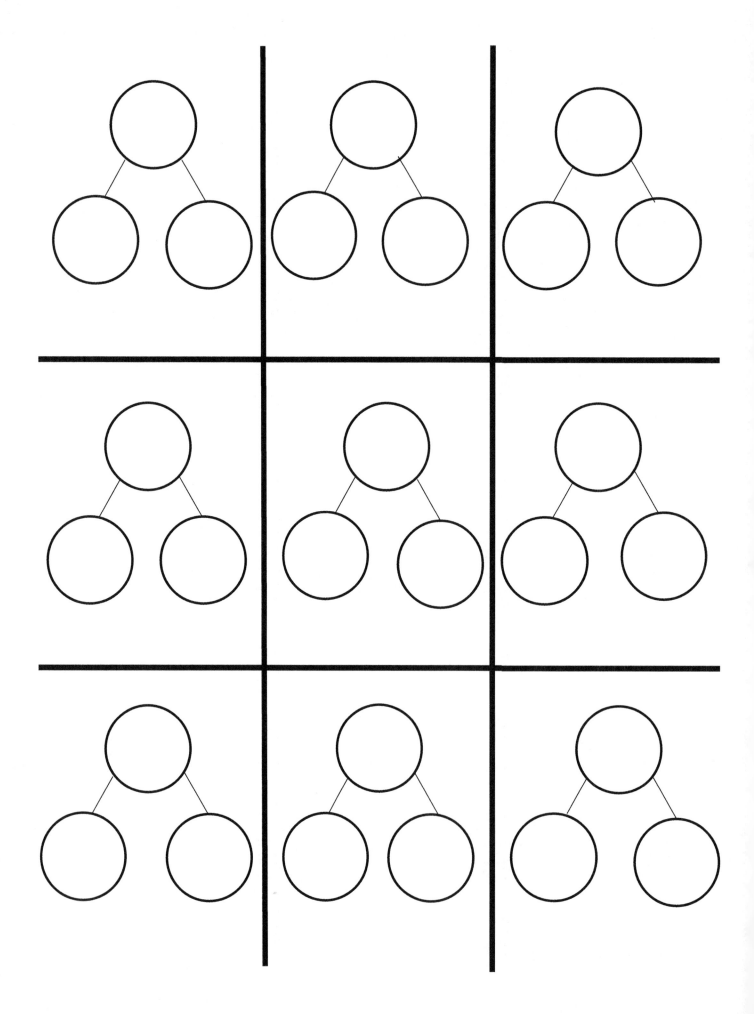

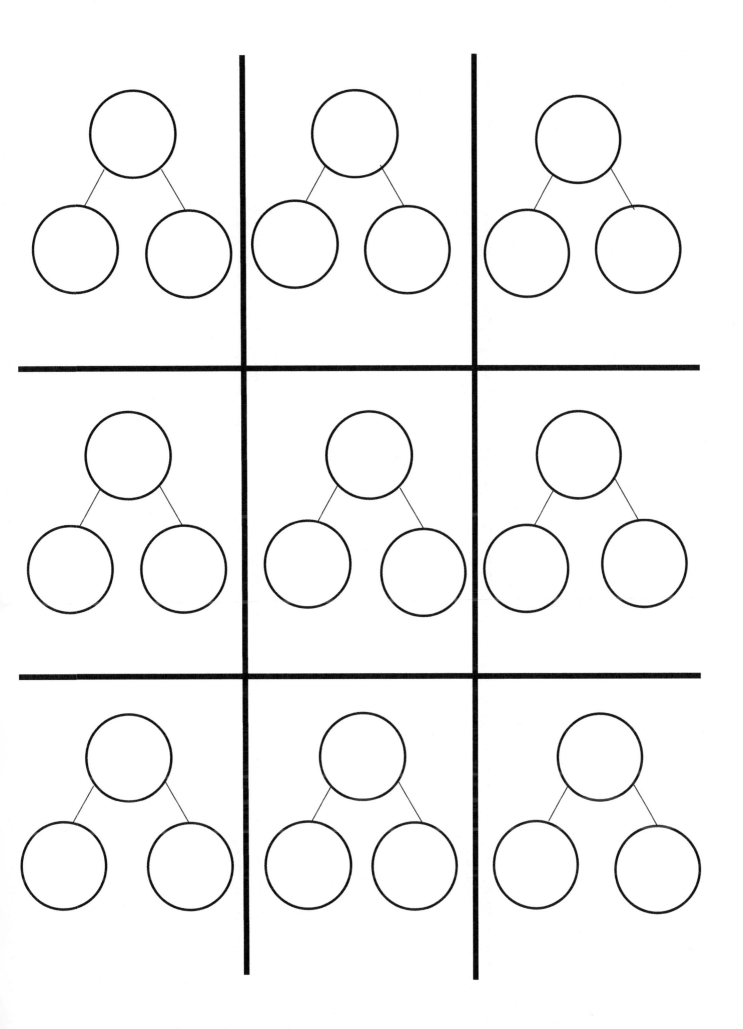

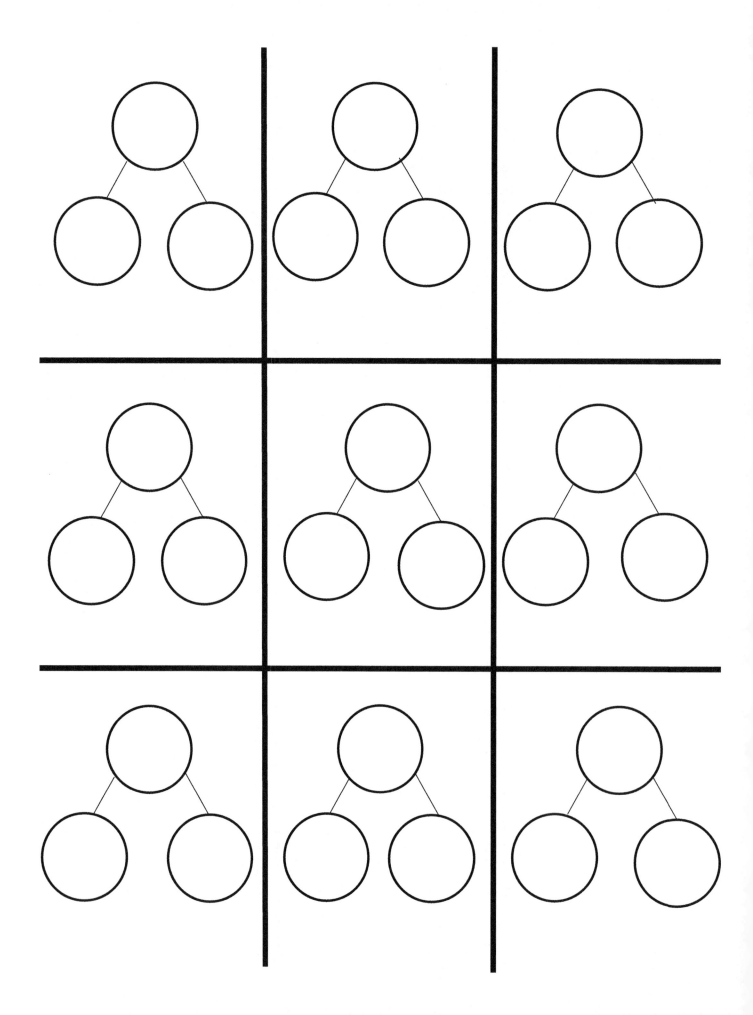

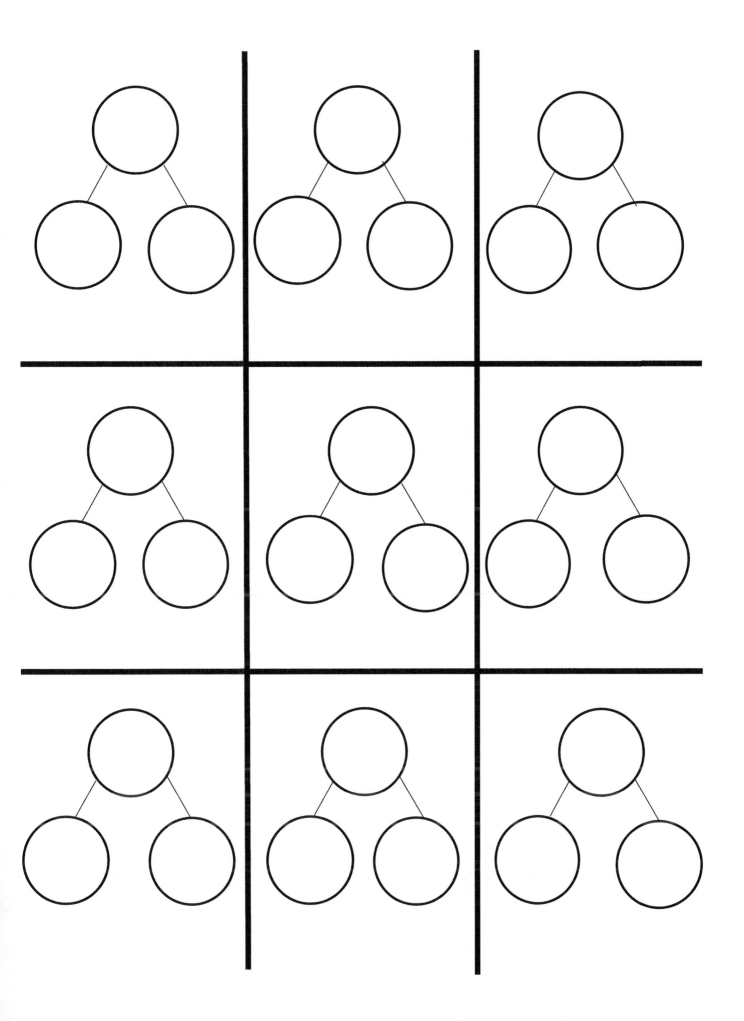

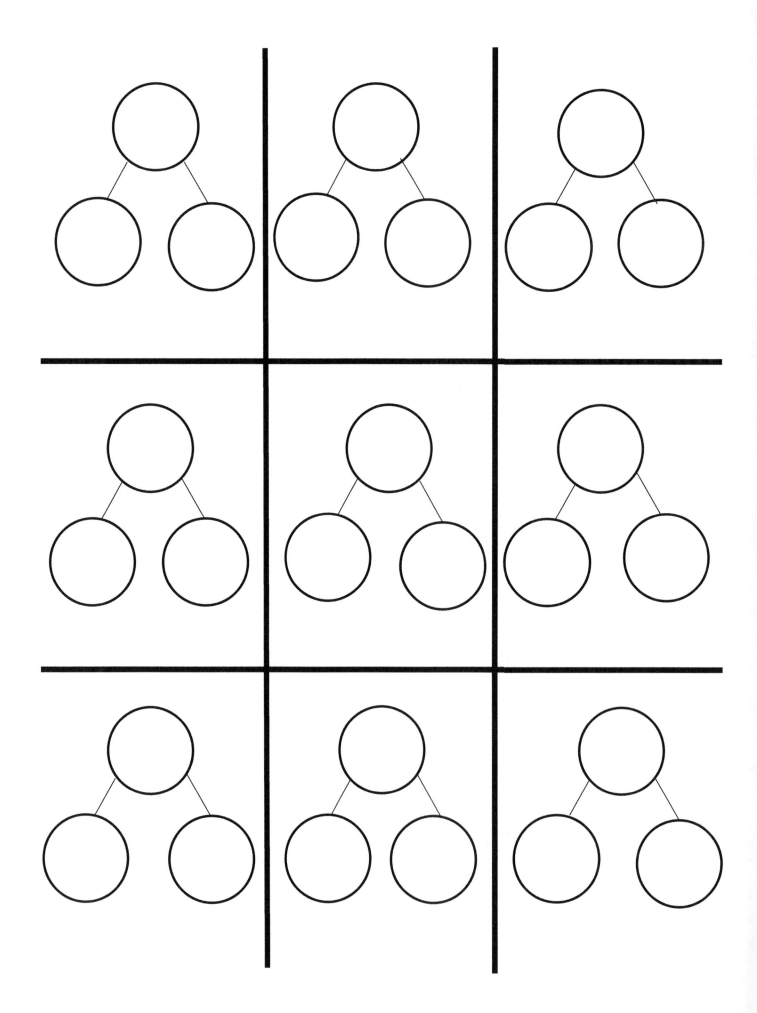

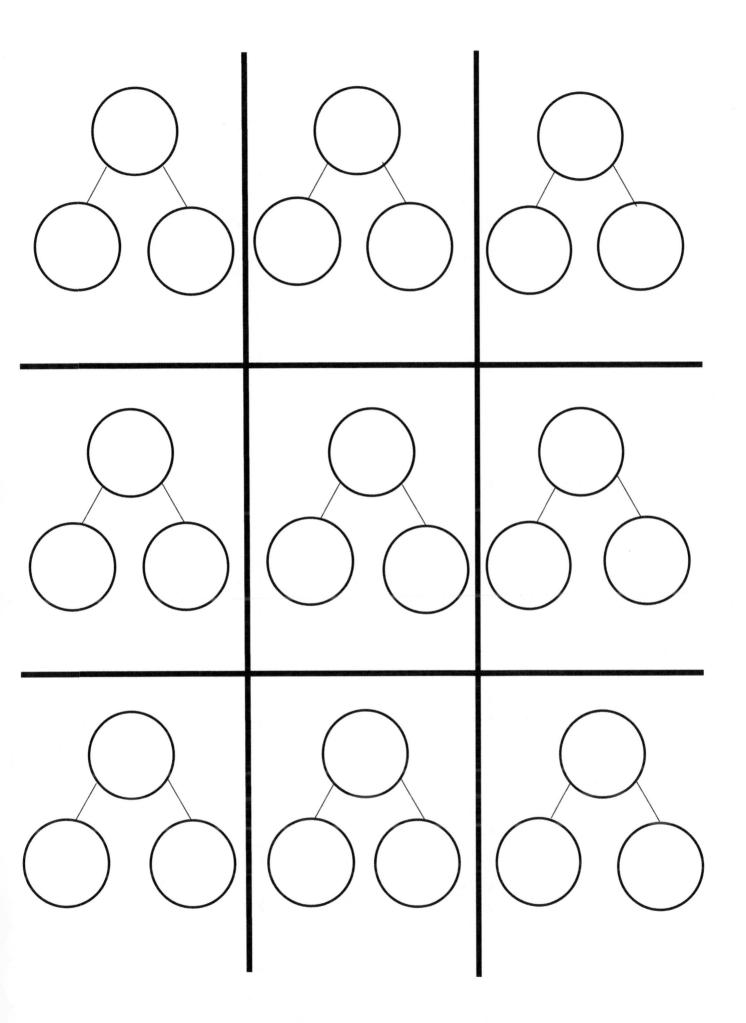

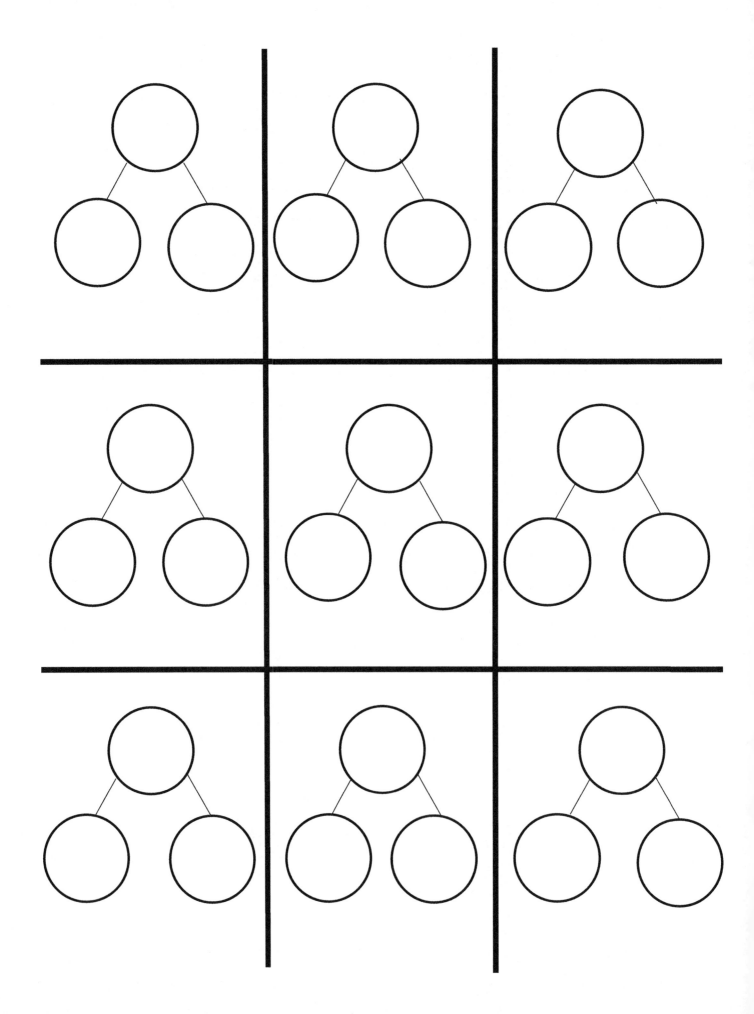

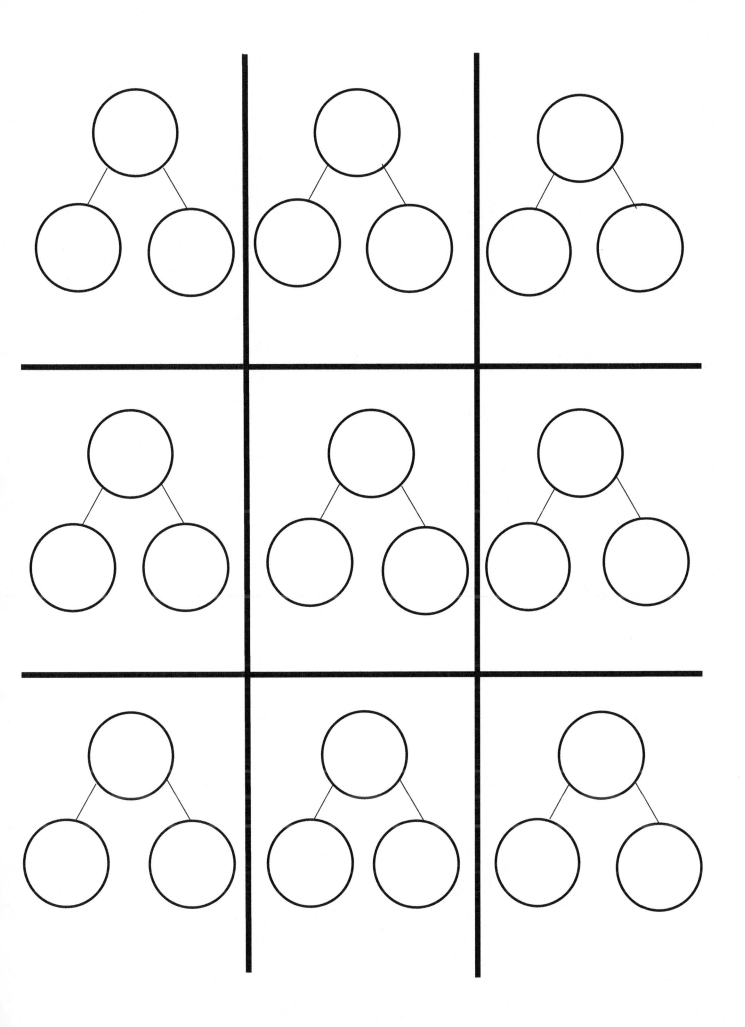

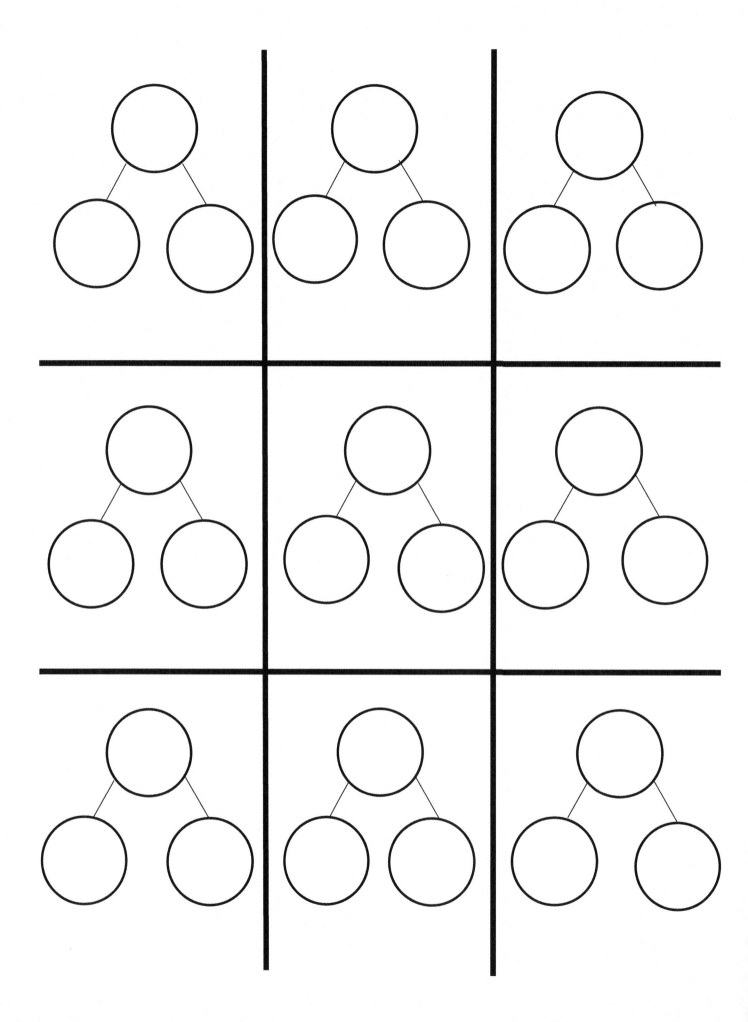

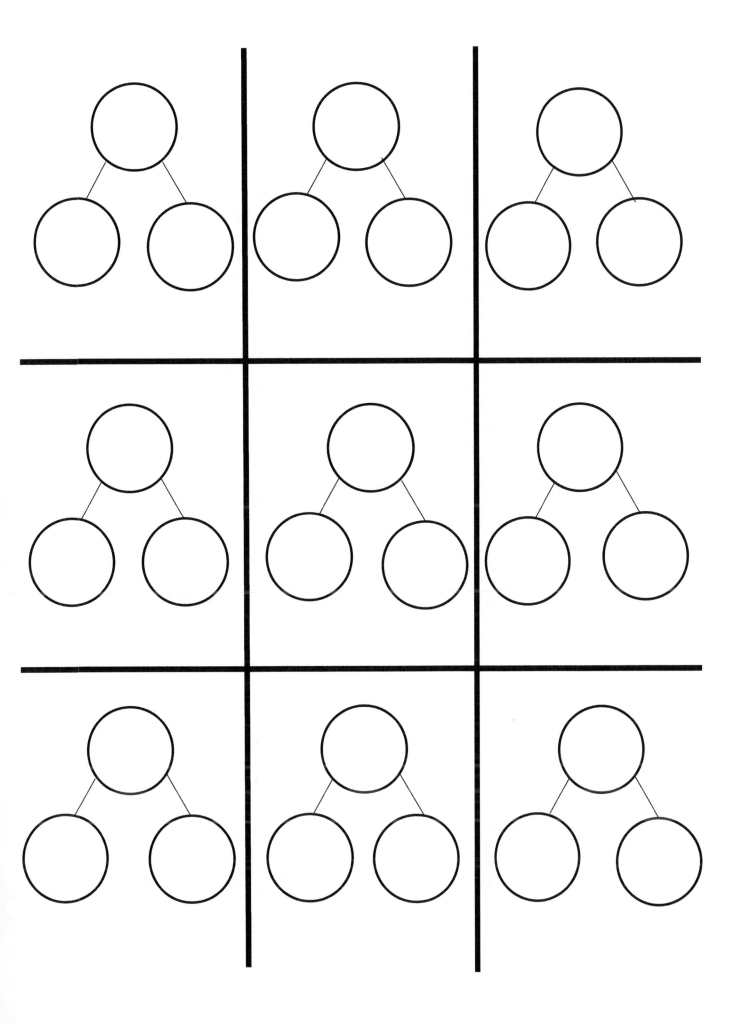

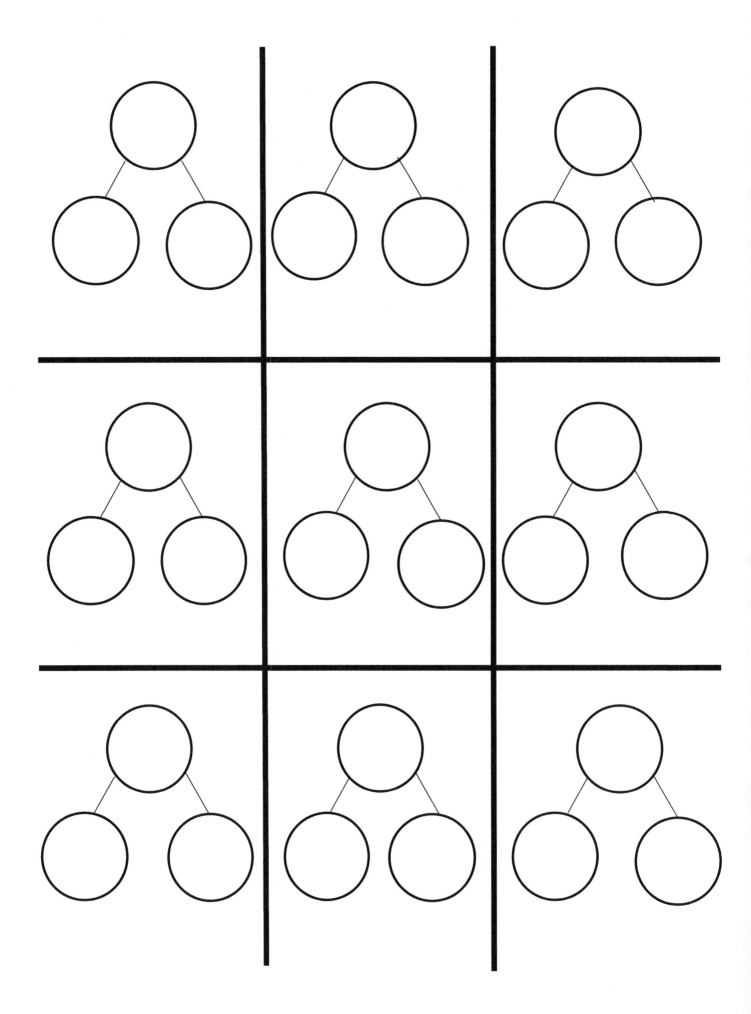

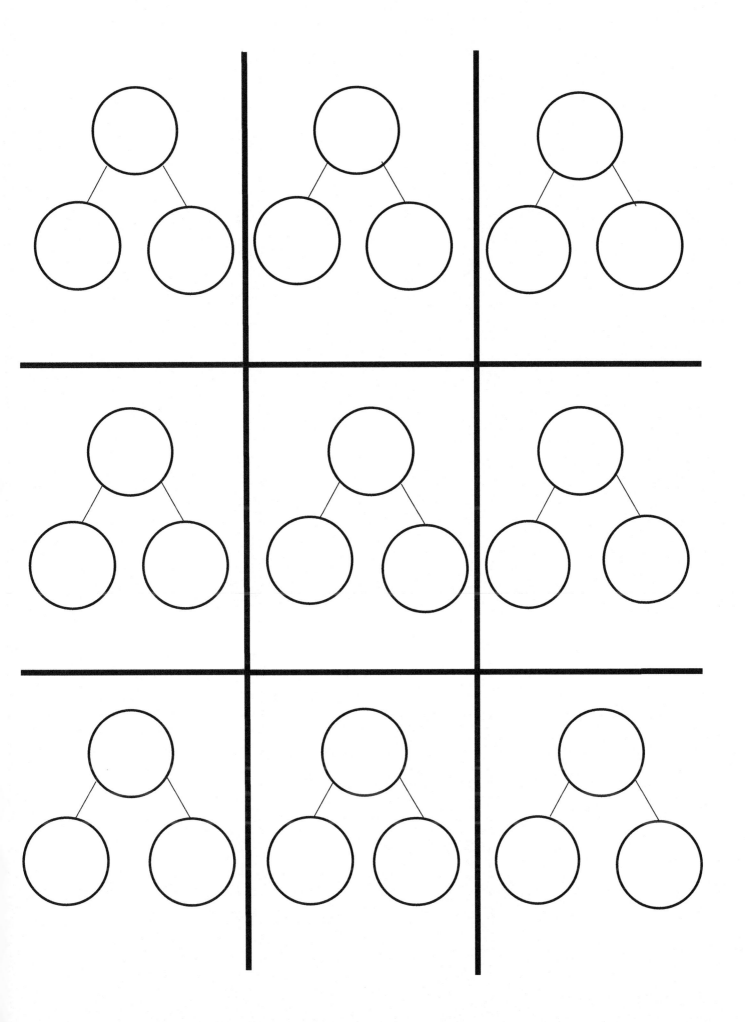

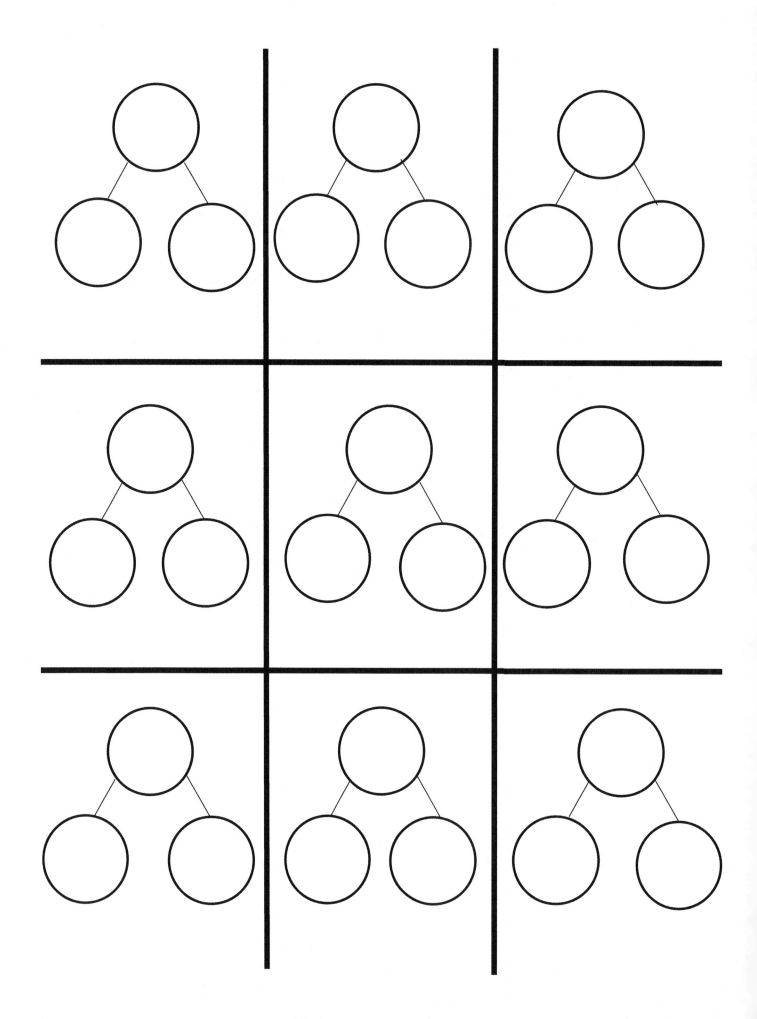

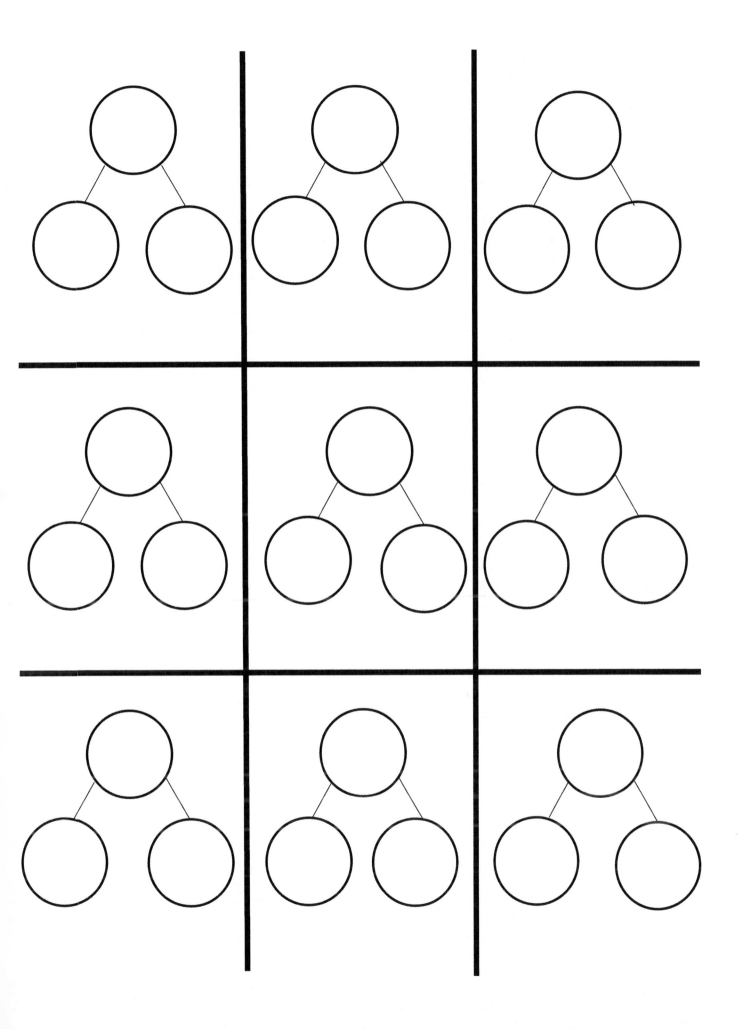

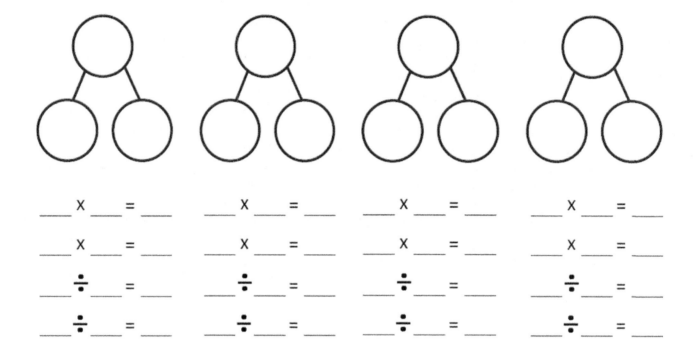

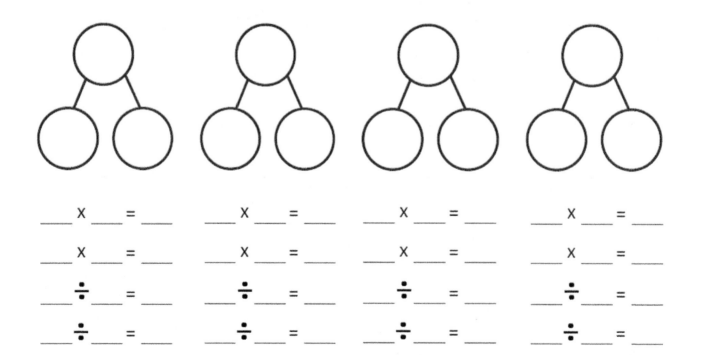

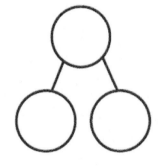
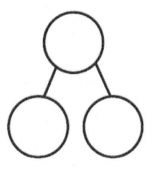
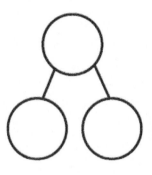

___ X ___ = ___

___ X ___ = ___

___ ÷ ___ = ___

___ ÷ ___ = ___

___ X ___ = ___

___ X ___ = ___

___ ÷ ___ = ___

___ ÷ ___ = ___

___ X ___ = ___

___ X ___ = ___

___ ÷ ___ = ___

___ ÷ ___ = ___

___ X ___ = ___

___ X ___ = ___

___ ÷ ___ = ___

___ ÷ ___ = ___

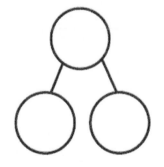
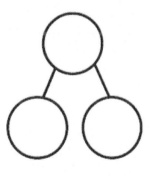
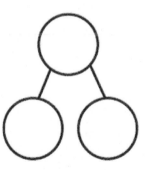

___ X ___ = ___

___ X ___ = ___

___ ÷ ___ = ___

___ ÷ ___ = ___

___ X ___ = ___

___ X ___ = ___

___ ÷ ___ = ___

___ ÷ ___ = ___

___ X ___ = ___

___ X ___ = ___

___ ÷ ___ = ___

___ ÷ ___ = ___

___ X ___ = ___

___ X ___ = ___

___ ÷ ___ = ___

___ ÷ ___ = ___

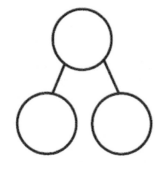
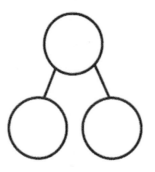
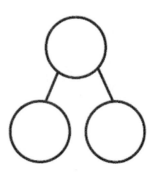

___ X ____ = ___   ___ X ____ = ___   ___ X ____ = ___   ___ X ____ = ___

___ X ____ = ___   ___ X ____ = ___   ___ X ____ = ___   ___ X ____ = ___

___ ÷ ____ = ___   ___ ÷ ____ = ___   ___ ÷ ____ = ___   ___ ÷ ____ = ___

___ ÷ ____ = ___   ___ ÷ ____ = ___   ___ ÷ ____ = ___   ___ ÷ ____ = ___

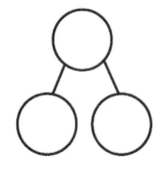
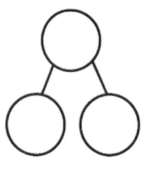
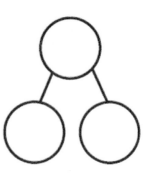

___ X ____ = ___   ___ X ____ = ___   ___ X ____ = ___   ___ X ____ = ___

___ X ____ = ___   ___ X ____ = ___   ___ X ____ = ___   ___ X ____ = ___

___ ÷ ____ = ___   ___ ÷ ____ = ___   ___ ÷ ____ = ___   ___ ÷ ____ = ___

___ ÷ ____ = ___   ___ ÷ ____ = ___   ___ ÷ ____ = ___   ___ ÷ ____ = ___

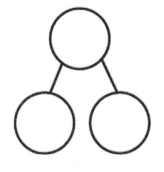
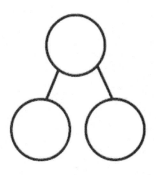
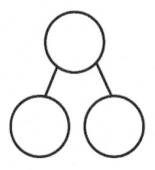

___ X ___ = ___   ___ X ___ = ___   ___ X ___ = ___   ___ X ___ = ___

___ X ___ = ___   ___ X ___ = ___   ___ X ___ = ___   ___ X ___ = ___

___ ÷ ___ = ___   ___ ÷ ___ = ___   ___ ÷ ___ = ___   ___ ÷ ___ = ___

___ ÷ ___ = ___   ___ ÷ ___ = ___   ___ ÷ ___ = ___   ___ ÷ ___ = ___

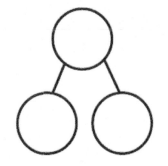
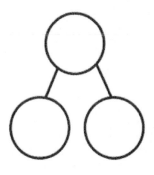
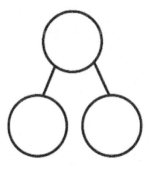

___ X ___ = ___   ___ X ___ = ___   ___ X ___ = ___   ___ X ___ = ___

___ X ___ = ___   ___ X ___ = ___   ___ X ___ = ___   ___ X ___ = ___

___ ÷ ___ = ___   ___ ÷ ___ = ___   ___ ÷ ___ = ___   ___ ÷ ___ = ___

___ ÷ ___ = ___   ___ ÷ ___ = ___   ___ ÷ ___ = ___   ___ ÷ ___ = ___

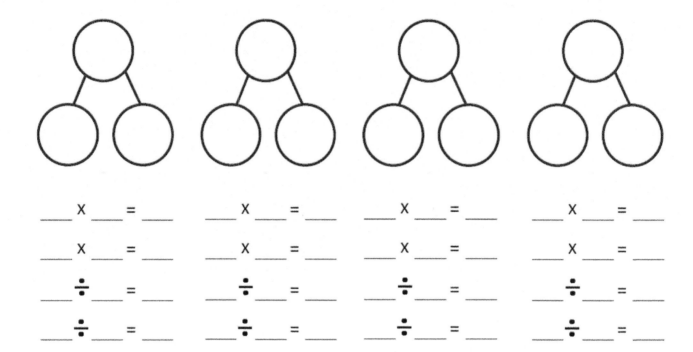

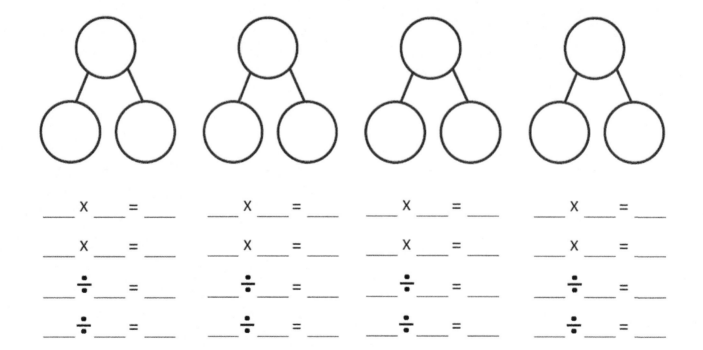

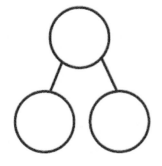 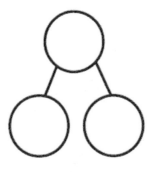 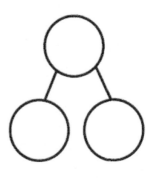

___ X ____ = ____   ___ X ____ = ____   ___ X ____ = ____   ___ X ____ = ____

___ X ____ = ____   ___ X ____ = ____   ___ X ____ = ____   ___ X ____ = ____

___ ÷ ____ = ____   ___ ÷ ____ = ____   ___ ÷ ____ = ____   ___ ÷ ____ = ____

___ ÷ ____ = ____   ___ ÷ ____ = ____   ___ ÷ ____ = ____   ___ ÷ ____ = ____

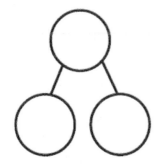 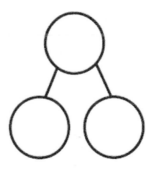 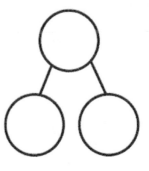

___ X ____ = ____   ___ X ____ = ____   ___ X ____ = ____   ___ X ____ = ____

___ X ____ = ____   ___ X ____ = ____   ___ X ____ = ____   ___ X ____ = ____

___ ÷ ____ = ____   ___ ÷ ____ = ____   ___ ÷ ____ = ____   ___ ÷ ____ = ____

___ ÷ ____ = ____   ___ ÷ ____ = ____   ___ ÷ ____ = ____   ___ ÷ ____ = ____

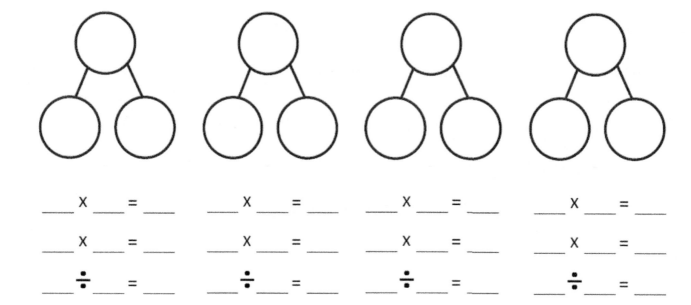

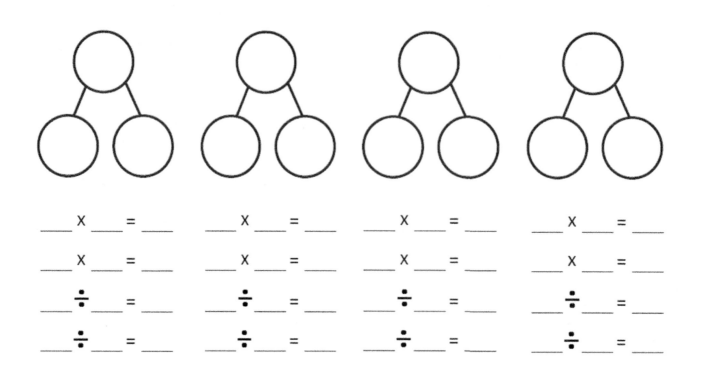

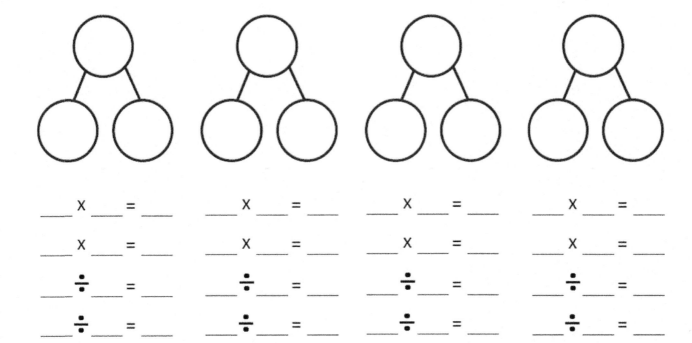

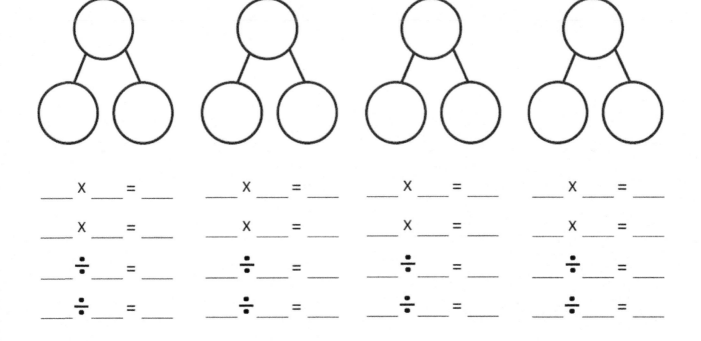

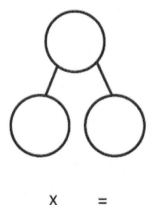 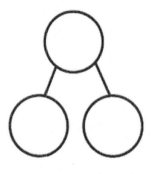 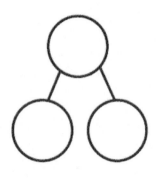

___ X ____ = ___   ___ X ____ = ___   ___ X ____ = ___   ___ X ____ = ___

___ X ____ = ___   ___ X ____ = ___   ___ X ____ = ___   ___ X ____ = ___

___ ÷ ____ = ___   ___ ÷ ____ = ___   ___ ÷ ____ = ___   ___ ÷ ____ = ___

___ ÷ ____ = ___   ___ ÷ ____ = ___   ___ ÷ ____ = ___   ___ ÷ ____ = ___

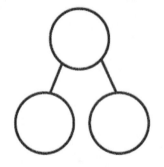 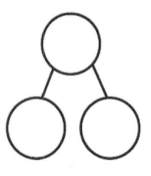 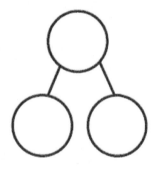

___ X ____ = ___   ___ X ____ = ___   ___ X ____ = ___   ___ X ____ = ___

___ X ____ = ___   ___ X ____ = ___   ___ X ____ = ___   ___ X ____ = ___

___ ÷ ____ = ___   ___ ÷ ____ = ___   ___ ÷ ____ = ___   ___ ÷ ____ = ___

___ ÷ ____ = ___   ___ ÷ ____ = ___   ___ ÷ ____ = ___   ___ ÷ ____ = ___

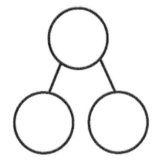
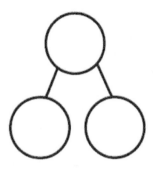
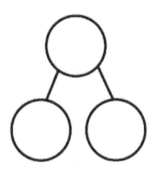

___ X ____ = ____   ___ X ____ = ____   ___ X ____ = ____   ___ X ____ = ____

___ X ____ = ____   ___ X ____ = ____   ___ X ____ = ____   ___ X ____ = ____

___ ÷ ____ = ____   ___ ÷ ____ = ____   ___ ÷ ____ = ____   ___ ÷ ____ = ____

___ ÷ ____ = ____   ___ ÷ ____ = ____   ___ ÷ ____ = ____   ___ ÷ ____ = ____

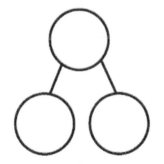
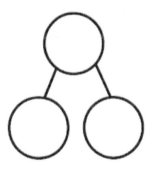
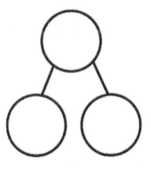

___ X ____ = ____   ___ X ____ = ____   ___ X ____ = ____   ___ X ____ = ____

___ X ____ = ____   ___ X ____ = ____   ___ X ____ = ____   ___ X ____ = ____

___ ÷ ____ = ____   ___ ÷ ____ = ____   ___ ÷ ____ = ____   ___ ÷ ____ = ____

___ ÷ ____ = ____   ___ ÷ ____ = ____   ___ ÷ ____ = ____   ___ ÷ ____ = ____

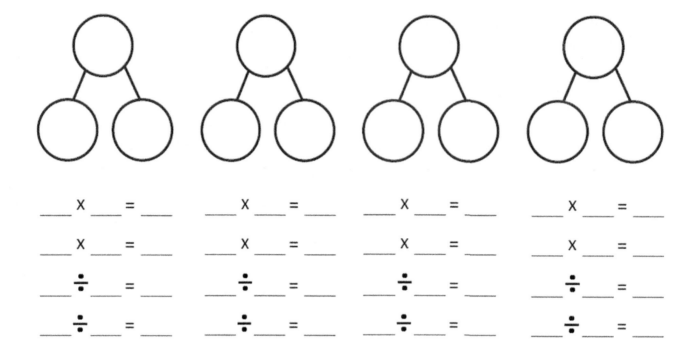

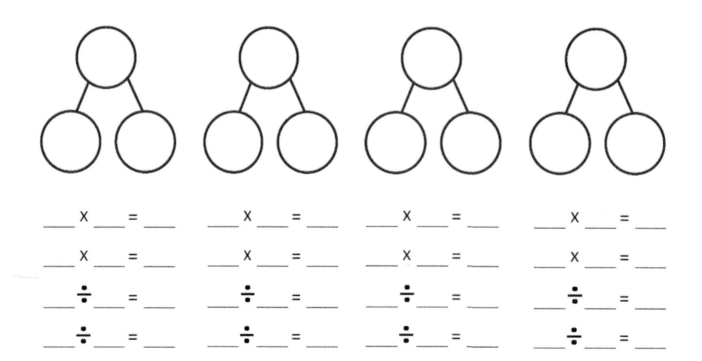

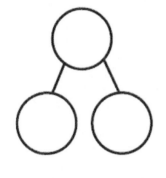 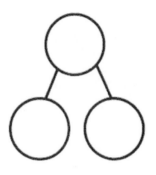 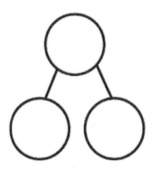

___ X ___ = ___   ___ X ___ = ___   ___ X ___ = ___   ___ X ___ = ___

___ X ___ = ___   ___ X ___ = ___   ___ X ___ = ___   ___ X ___ = ___

___ ÷ ___ = ___   ___ ÷ ___ = ___   ___ ÷ ___ = ___   ___ ÷ ___ = ___

___ ÷ ___ = ___   ___ ÷ ___ = ___   ___ ÷ ___ = ___   ___ ÷ ___ = ___

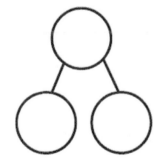 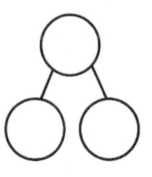 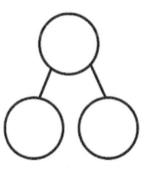

___ X ___ = ___   ___ X ___ = ___   ___ X ___ = ___   ___ X ___ = ___

___ X ___ = ___   ___ X ___ = ___   ___ X ___ = ___   ___ X ___ = ___

___ ÷ ___ = ___   ___ ÷ ___ = ___   ___ ÷ ___ = ___   ___ ÷ ___ = ___

___ ÷ ___ = ___   ___ ÷ ___ = ___   ___ ÷ ___ = ___   ___ ÷ ___ = ___

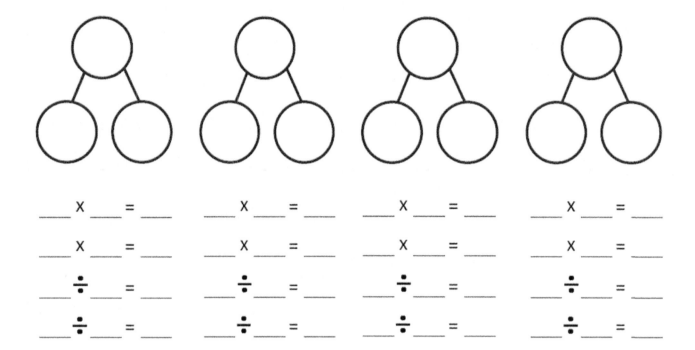

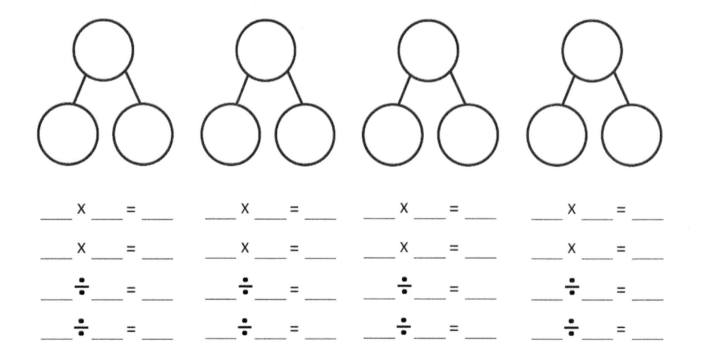

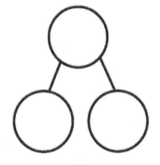
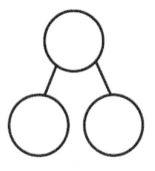
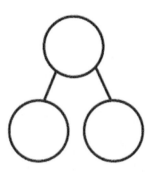

____ X ____ = ____   ____ X ____ = ____   ____ X ____ = ____   ____ X ____ = ____

____ X ____ = ____   ____ X ____ = ____   ____ X ____ = ____   ____ X ____ = ____

____ ÷ ____ = ____   ____ ÷ ____ = ____   ____ ÷ ____ = ____   ____ ÷ ____ = ____

____ ÷ ____ = ____   ____ ÷ ____ = ____   ____ ÷ ____ = ____   ____ ÷ ____ = ____

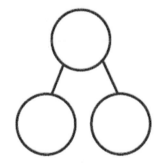
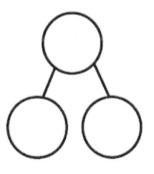
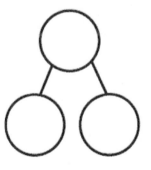

____ X ____ = ____   ____ X ____ = ____   ____ X ____ = ____   ____ X ____ = ____

____ X ____ = ____   ____ X ____ = ____   ____ X ____ = ____   ____ X ____ = ____

____ ÷ ____ = ____   ____ ÷ ____ = ____   ____ ÷ ____ = ____   ____ ÷ ____ = ____

____ ÷ ____ = ____   ____ ÷ ____ = ____   ____ ÷ ____ = ____   ____ ÷ ____ = ____

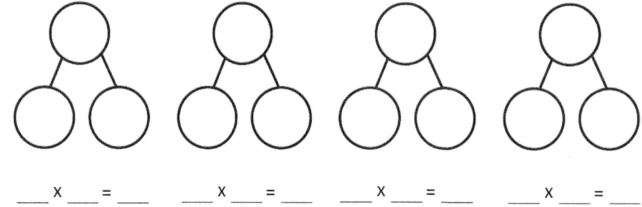

___ X ___ = ___

___ X ___ = ___

___ ÷ ___ = ___

___ ÷ ___ = ___

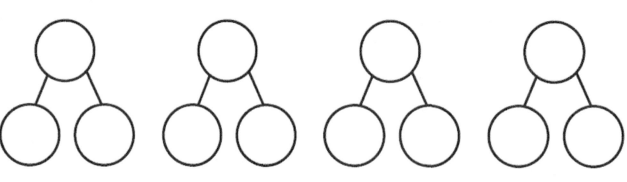

___ X ___ = ___

___ X ___ = ___

___ ÷ ___ = ___

___ ÷ ___ = ___

Multiplication and Division

1)   58
   ÷   2
   _____

2)   31
   ÷   1
   _____

3)   66
   ÷   9
   _____

4)   25
   x   8
   _____

5)   93
   ÷   9
   _____

6)   57
   x   4
   _____

7)   82
   x   8
   _____

8)   28
   x   5
   _____

9)   31
   ÷   1
   _____

10)   33
   x   5
   _____

11)   50
   x   2
   _____

12)   31
   x   2
   _____

13)   79
   ÷   1
   _____

14)   70
   ÷   3
   _____

15)   33
   ÷   5
   _____

Multiplication and Division

16) 11
  ÷   6
_____

17) 33
  ÷   7
_____

18) 26
  ÷   4
_____

19) 18
  ÷   1
_____

20) 57
  ÷   2
_____

21) 86
  ÷   3
_____

22) 31
  ÷   8
_____

23) 43
  x   3
_____

24) 51
  x   3
_____

25) 45
  ÷   4
_____

26) 63
  x   1
_____

27) 37
  ÷   5
_____

28) 44
  x   7
_____

29) 92
  x   5
_____

30) 99
  x   2
_____

Multiplication and Division

31)   47
  ÷   8
_____

32)   31
  ÷   5
_____

33)   69
  ÷   4
_____

34)   77
  ÷   7
_____

35)   66
  x   1
_____

36)   24
  x   2
_____

37)   76
  x   1
_____

38)   56
  x   4
_____

39)   27
  ÷   4
_____

40)   12
  x   5
_____

41)   52
  x   6
_____

42)   99
  x   8
_____

43)   65
  x   6
_____

44)   40
  ÷   3
_____

45)   92
  ÷   5
_____

Multiplication and Division

46)   68
   x   5
_____

47)   37
   ÷   2
_____

48)   55
   x   6
_____

49)   61
   x   9
_____

50)   30
   ÷   8
_____

51)   87
   x   5
_____

52)   33
   ÷   2
_____

53)   72
   ÷   8
_____

54)   49
   x   7
_____

55)   88
   ÷   8
_____

56)   59
   x   4
_____

57)   74
   ÷   1
_____

58)   60
   x   5
_____

59)   44
   x   4
_____

60)   78
   x   9
_____

Multiplication and Division

61)   41
   ÷   3
_____

62)   19
   x   1
_____

63)   77
   x   5
_____

64)   42
   x   2
_____

65)   92
   ÷   8
_____

66)   23
   ÷   1
_____

67)   49
   ÷   7
_____

68)   33
   ÷   4
_____

69)   17
   ÷   8
_____

70)   87
   ÷   3
_____

71)   49
   x   6
_____

72)   46
   x   6
_____

73)   83
   ÷   2
_____

74)   23
   x   9
_____

75)   22
   x   7
_____

Multiplication and Division

76) 90
  ÷   2
_____

77) 69
  ÷   6
_____

78) 41
  ÷   3
_____

79) 17
  ÷   2
_____

80) 48
  x   7
_____

81) 28
  ÷   4
_____

82) 45
  x   5
_____

83) 20
  ÷   1
_____

84) 35
  x   7
_____

85) 31
  ÷   4
_____

86) 61
  x   8
_____

87) 33
  ÷   7
_____

88) 43
  ÷   2
_____

89) 98
  ÷   4
_____

90) 73
  ÷   1
_____

Multiplication and Division

91)   72
  x   8
_____

92)   22
  x   5
_____

93)   13
  ÷   7
_____

94)   18
  x   6
_____

95)   32
  ÷   9
_____

96)   86
  x   6
_____

97)   39
  x   3
_____

98)   82
  ÷   4
_____

99)   88
  ÷   5
_____

100)   93
  x   8
_____

101)   31
  x   6
_____

102)   48
  ÷   1
_____

103)   49
  x   4
_____

104)   59
  ÷   3
_____

105)   76
  ÷   8
_____

Multiplication and Division

106)   37
   ÷   6
_____

107)   77
   x   6
_____

108)   50
   ÷   2
_____

109)   74
   ÷   1
_____

110)   58
   x   7
_____

111)   89
   x   4
_____

112)   35
   x   8
_____

113)   93
   ÷   8
_____

114)   26
   ÷   2
_____

115)   77
   x   4
_____

116)   68
   x   7
_____

117)   55
   x   4
_____

118)   66
   x   9
_____

119)   12
   x   8
_____

120)   45
   x   3
_____

Multiplication and Division

121)   69
   ÷   9
_____

122)   67
   x   7
_____

123)   31
   ÷   8
_____

124)   25
   x   6
_____

125)   64
   ÷   8
_____

126)   52
   x   9
_____

127)   53
   x   2
_____

128)   83
   ÷   1
_____

129)   20
   ÷   9
_____

130)   48
   ÷   5
_____

131)   53
   x   5
_____

132)   13
   x   1
_____

133)   88
   x   5
_____

134)   42
   ÷   2
_____

135)   21
   ÷   1
_____

Multiplication and Division

136)   74
  x   3
_____

137)   95
  x   2
_____

138)   59
  ÷   2
_____

139)   73
  x   5
_____

140)   67
  ÷   5
_____

141)   69
  x   7
_____

142)   78
  ÷   7
_____

143)   89
  x   3
_____

144)   12
  x   5
_____

145)   84
  x   2
_____

146)   36
  ÷   2
_____

147)   73
  x   4
_____

148)   12
  ÷   9
_____

149)   51
  ÷   2
_____

150)   61
  ÷   8
_____

Multiplication and Division

151)   74
   x   8
_____

152)   33
   x   7
_____

153)   36
   x   3
_____

154)   49
   x   8
_____

155)   56
   ÷   8
_____

156)   53
   x   5
_____

157)   56
   x   7
_____

158)   59
   ÷   3
_____

159)   57
   x   6
_____

160)   72
   x   3
_____

161)   81
   x   4
_____

162)   12
   x   4
_____

163)   43
   x   3
_____

164)   85
   ÷   5
_____

165)   99
   x   3
_____

Multiplication and Division

166)   28
÷   8
_____

167)   58
÷   1
_____

168)   87
x   4
_____

169)   41
x   1
_____

170)   14
÷   2
_____

171)   70
x   9
_____

172)   79
÷   9
_____

173)   40
÷   9
_____

174)   63
÷   1
_____

175)   95
x   7
_____

176)   86
x   1
_____

177)   90
x   8
_____

178)   53
x   1
_____

179)   55
÷   4
_____

180)   17
x   7
_____

Multiplication and Division

181)   81
  ÷   5
_____

182)   54
  x   6
_____

183)   91
  ÷   5
_____

184)   29
  x   9
_____

185)   66
  x   3
_____

186)   75
  ÷   8
_____

187)   56
  x   2
_____

188)   74
  x   6
_____

189)   67
  x   5
_____

190)   55
  ÷   1
_____

191)   55
  x   2
_____

192)   19
  x   9
_____

193)   48
  x   2
_____

194)   41
  x   9
_____

195)   65
  ÷   6
_____

Multiplication and Division

196)   70
  ÷   3
_____

197)   45
  x   3
_____

198)   56
  ÷   6
_____

199)   71
  ÷   5
_____

200)   11
  ÷   6
_____

201)   15
  ÷   1
_____

202)   26
  x   8
_____

203)   15
  ÷   7
_____

204)   23
  ÷   6
_____

205)   28
  ÷   9
_____

206)   63
  x   6
_____

207)   32
  x   3
_____

208)   64
  ÷   3
_____

209)   41
  ÷   6
_____

210)   81
  x   4
_____

Multiplication and Division

211)   76
   x   3
_____

212)   46
   x   8
_____

213)   10
   x   9
_____

214)   18
   x   7
_____

215)   93
   x   7
_____

216)   32
   x   6
_____

217)   17
   x   9
_____

218)   26
   ÷   8
_____

219)   71
   ÷   6
_____

220)   58
   ÷   3
_____

221)   86
   x   2
_____

222)   12
   ÷   7
_____

223)   49
   x   7
_____

224)   91
   x   8
_____

225)   72
   x   1
_____

Multiplication and Division

226)   65
   x   7
_____

227)   83
   ÷   2
_____

228)   94
   x   6
_____

229)   51
   ÷   3
_____

230)   51
   ÷   6
_____

231)   96
   x   1
_____

232)   66
   ÷   5
_____

233)   34
   x   4
_____

234)   26
   x   7
_____

235)   72
   x   8
_____

236)   88
   x   3
_____

237)   26
   ÷   1
_____

238)   18
   ÷   9
_____

239)   37
   ÷   3
_____

240)   80
   x   2
_____

Multiplication and Division

241) 62   242) 79   243) 81
  ÷   7   ÷   7   x   9
_____   _____   _____

244) 67   245) 76   246) 71
  x   8   ÷   9   x   2
_____   _____   _____

247) 75   248) 63   249) 97
  x   3   ÷   2   x   6
_____   _____   _____

250) 66   251) 41   252) 65
  x   9   x   5   ÷   8
_____   _____   _____

253) 92   254) 48   255) 99
  x   3   ÷   8   ÷   3
_____   _____   _____

Multiplication and Division

256)   12
x   9
_____

257)   33
x   6
_____

258)   87
x   7
_____

259)   92
÷   5
_____

260)   58
÷   6
_____

261)   82
x   5
_____

262)   41
÷   9
_____

263)   72
÷   3
_____

264)   59
÷   2
_____

265)   93
÷   7
_____

266)   88
x   8
_____

267)   47
x   7
_____

268)   69
x   8
_____

269)   46
x   3
_____

270)   78
÷   8
_____

Multiplication and Division

271)   28
  ÷   1
_____

272)   52
  x   2
_____

273)   61
  x   7
_____

274)   47
  x   2
_____

275)   90
  ÷   7
_____

276)   98
  x   5
_____

277)   79
  x   5
_____

278)   30
  ÷   5
_____

279)   85
  ÷   8
_____

280)   10
  ÷   1
_____

281)   88
  ÷   9
_____

282)   23
  x   9
_____

283)   44
  ÷   8
_____

284)   91
  x   5
_____

285)   89
  x   2
_____

Multiplication and Division

286)   55
  ÷   7
_____

287)   57
  x   9
_____

288)   95
  ÷   3
_____

289)   35
  ÷   5
_____

290)   11
  x   3
_____

291)   80
  x   1
_____

292)   29
  x   2
_____

293)   22
  ÷   1
_____

294)   61
  ÷   6
_____

295)   27
  ÷   7
_____

296)   48
  x   3
_____

297)   98
  x   3
_____

298)   24
  ÷   3
_____

299)   90
  x   4
_____

300)   98
  ÷   3
_____

Answers

1) 29.00 2) 31.00 3) 7.33

4) 200 5) 10.33 6) 228

7) 656 8) 140 9) 31.00

10) 165 11) 100 12) 62

13) 79.00 14) 23.33 15) 6.60

16) 1.83 17) 4.71 18) 6.50

19) 18.00 20) 28.50 21) 28.67

22) 3.88 23) 129 24) 153

25) 11.25 26) 63 27) 7.40

28) 308 29) 460 30) 198

31) 5.88 32) 6.20 33) 17.25

34) 11.00 35) 66 36) 48

37) 76 38) 224 39) 6.75

40) 60 41) 312 42) 792

43) 390 44) 13.33 45) 18.40

46) 340 47) 18.50 48) 330

49) 549 50) 3.75 51) 435

52) 16.50 53) 9.00 54) 343

55) 11.00 56) 236 57) 74.00

58) 300 59) 176 60) 702

61) 13.67   62) 19   63) 385

64) 84   65) 11.50   66) 23.00

67) 7.00   68) 8.25   69) 2.13

70) 29.00   71) 294   72) 276

73) 41.50   74) 207   75) 154

76) 45.00   77) 11.50   78) 13.67

79) 8.50   80) 336   81) 7.00

82) 225   83) 20.00   84) 245

85) 7.75   86) 488   87) 4.71

88) 21.50   89) 24.50   90) 73.00

91) 576   92) 110   93) 1.86

94) 108   95) 3.56   96) 516

97) 117   98) 20.50   99) 17.60

100) 744   101) 186   102) 48.00

103) 196   104) 19.67   105) 9.50

106) 6.17   107) 462   108) 25.00

109) 74.00   110) 406   111) 356

112) 280   113) 11.63   114) 13.00

115) 308   116) 476   117) 220

118) 594   119) 96   120) 135

121) 7.67	122) 469	123) 3.88
124) 150	125) 8.00	126) 468
127) 106	128) 83.00	129) 2.22
130) 9.60	131) 265	132) 13
133) 440	134) 21.00	135) 21.00
136) 222	137) 190	138) 29.50
139) 365	140) 13.40	141) 483
142) 11.14	143) 267	144) 60
145) 168	146) 18.00	147) 292
148) 1.33	149) 25.50	150) 7.63
151) 592	152) 231	153) 108
154) 392	155) 7.00	156) 265
157) 392	158) 19.67	159) 342
160) 216	161) 324	162) 48
163) 129	164) 17.00	165) 297
166) 3.50	167) 58.00	168) 348
169) 41	170) 7.00	171) 630
172) 8.78	173) 4.44	174) 63.00
175) 665	176) 86	177) 720
178) 53	179) 13.75	180) 119

181) 16.20   182) 324   183) 18.20

184) 261   185) 198   186) 9.38

187) 112   188) 444   189) 335

190) 55.00   191) 110   192) 171

193) 96   194) 369   195) 10.83

196) 23.33   197) 135   198) 9.33

199) 14.20   200) 1.83   201) 15.00

202) 208   203) 2.14   204) 3.83

205) 3.11   206) 378   207) 96

208) 21.33   209) 6.83   210) 324

211) 228   212) 368   213) 90

214) 126   215) 651   216) 192

217) 153   218) 3.25   219) 11.83

220) 19.33   221) 172   222) 1.71

223) 343   224) 728   225) 72

226) 455   227) 41.50   228) 564

229) 17.00   230) 8.50   231) 96

232) 13.20   233) 136   234) 182

235) 576   236) 264   237) 26.00

238) 2.00   239) 12.33   240) 160

241) 8.86

242) 11.29

243) 729

244) 536

245) 8.44

246) 142

247) 225

248) 31.50

249) 582

250) 594

251) 205

252) 8.13

253) 276

254) 6.00

255) 33.00

256) 108

257) 198

258) 609

259) 18.40

260) 9.67

261) 410

262) 4.56

263) 24.00

264) 29.50

265) 13.29

266) 704

267) 329

268) 552

269) 138

270) 9.75

271) 28.00

272) 104

273) 427

274) 94

275) 12.86

276) 490

277) 395

278) 6.00

279) 10.63

280) 10.00

281) 9.78

282) 207

283) 5.50

284) 455

285) 178

286) 7.86

287) 513

288) 31.67

289) 7.00

290) 33

291) 80

292) 58

293) 22.00

294) 10.17

295) 3.86

296) 144

297) 294

298) 8.00

299) 360

300) 32.67

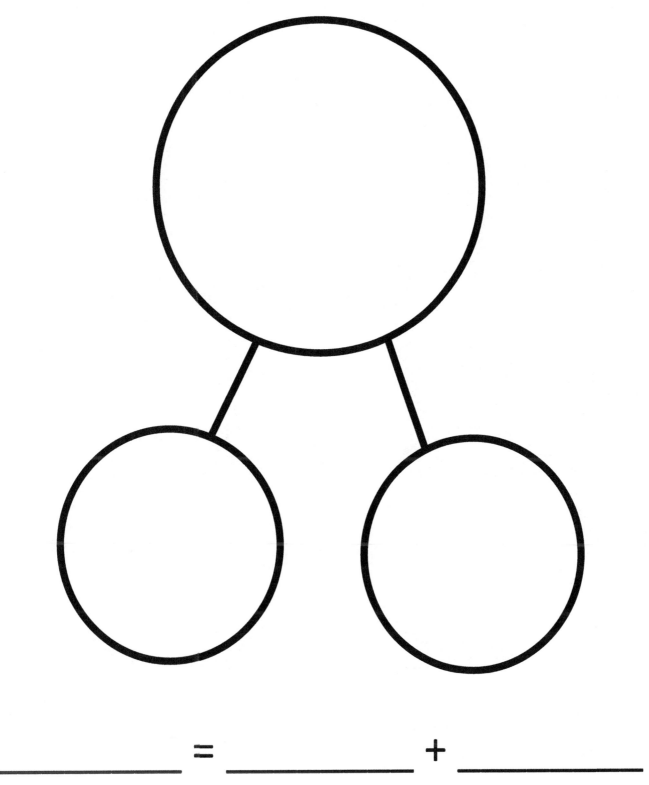

_____ = _____ + _____

_____ + _____ = _____

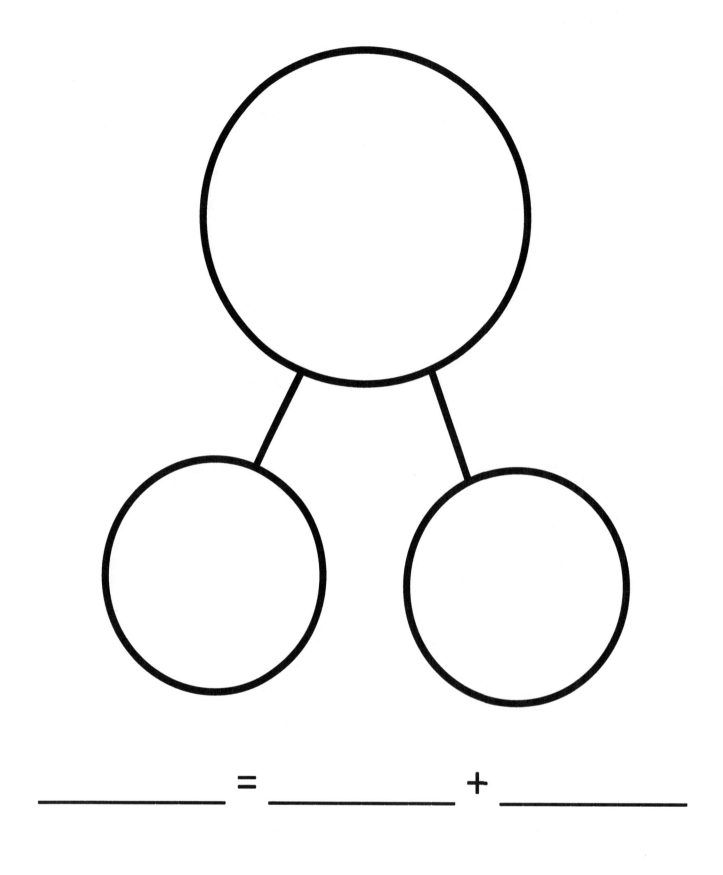

_____ = _____ + _____

_____ + _____ = _____

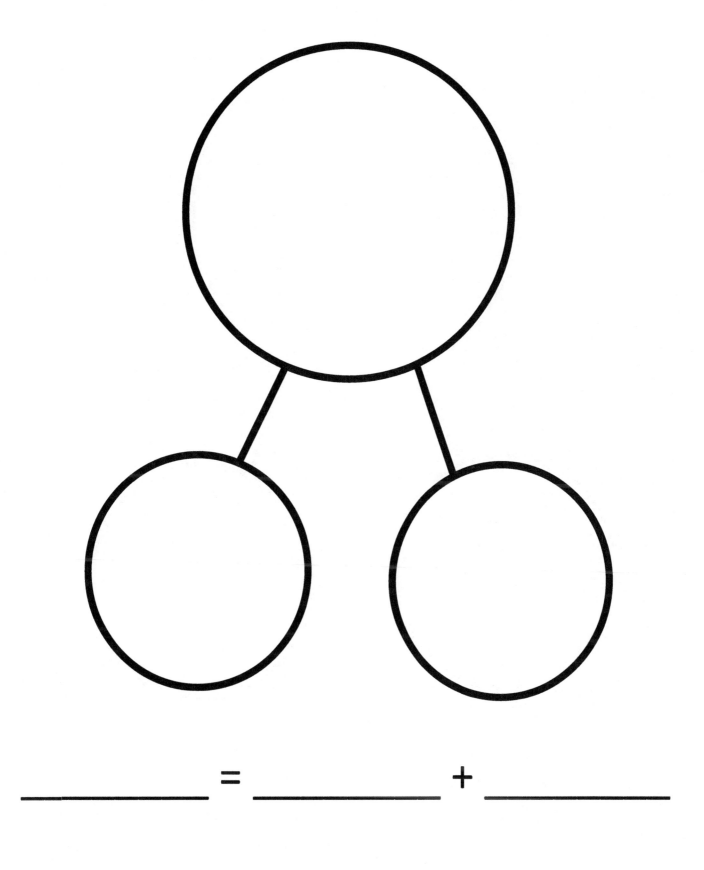

_____ = _____ + _____

_____ + _____ = _____

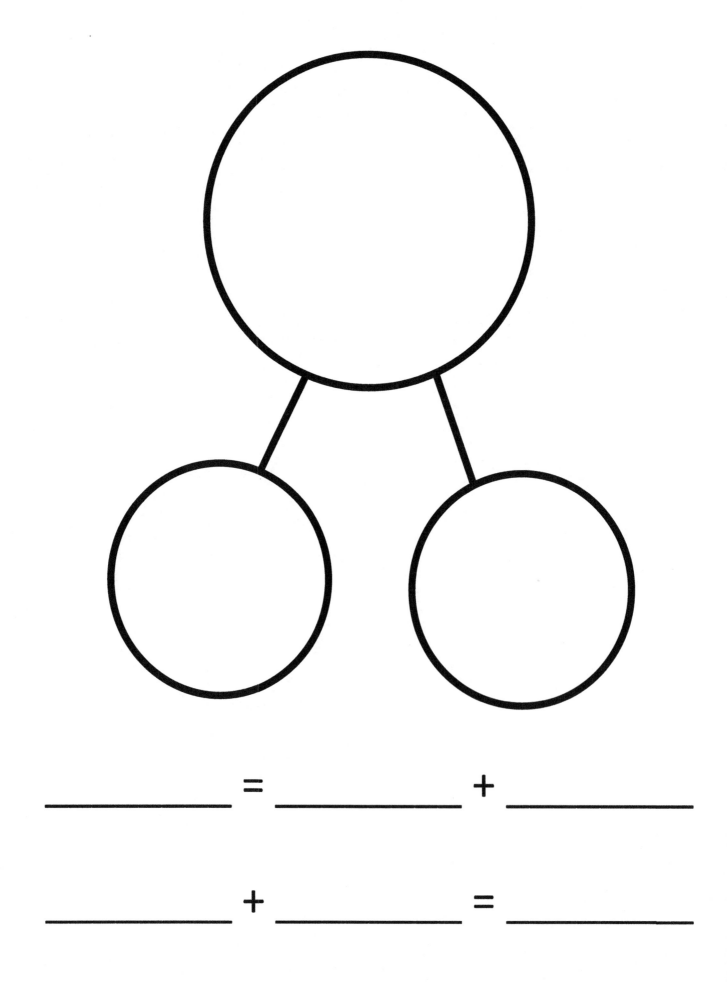

_____ = _____ + _____

_____ + _____ = _____

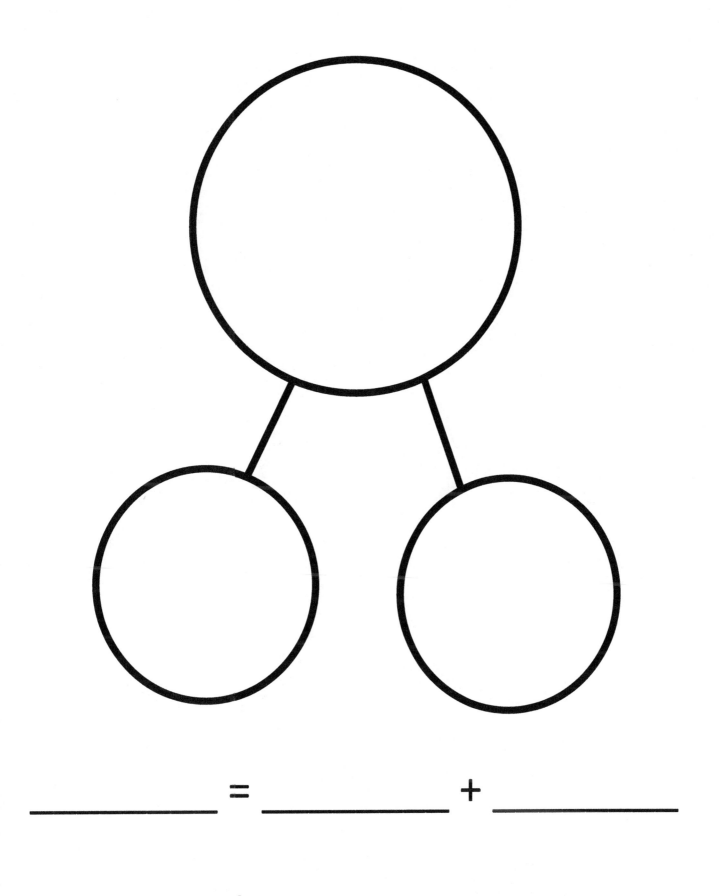

_____ = _____ + _____

_____ + _____ = _____

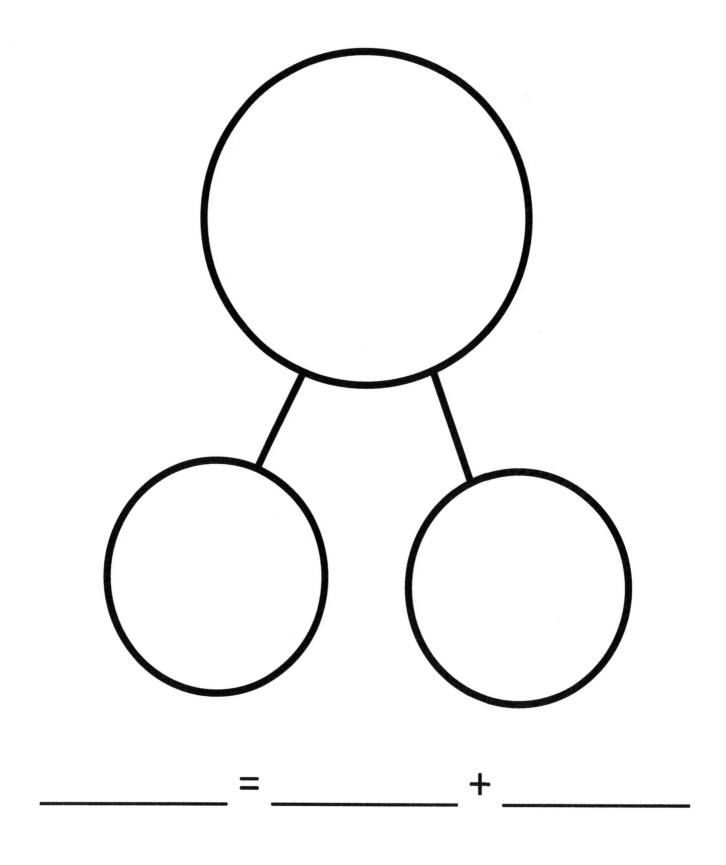

_____ = _____ + _____

_____ + _____ = _____

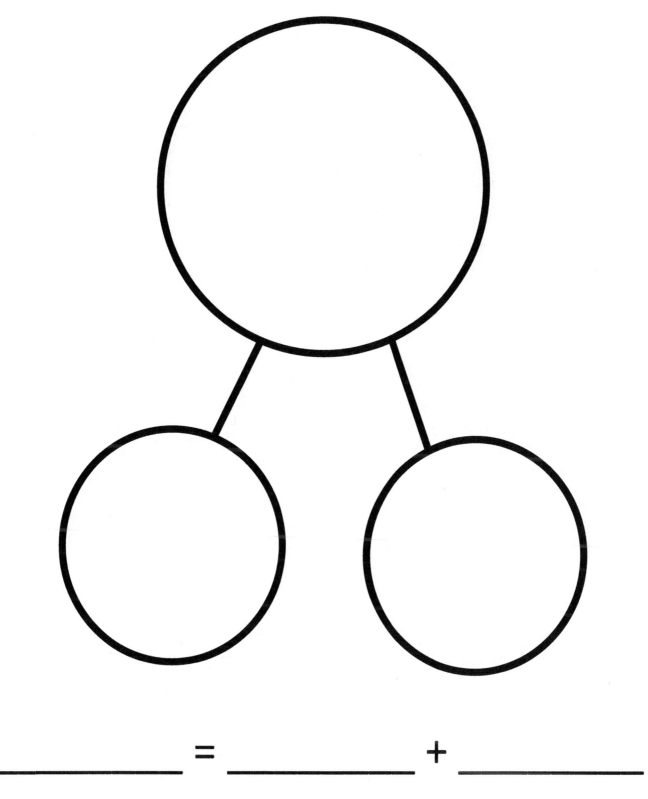

_____ = _____ + _____

_____ + _____ = _____

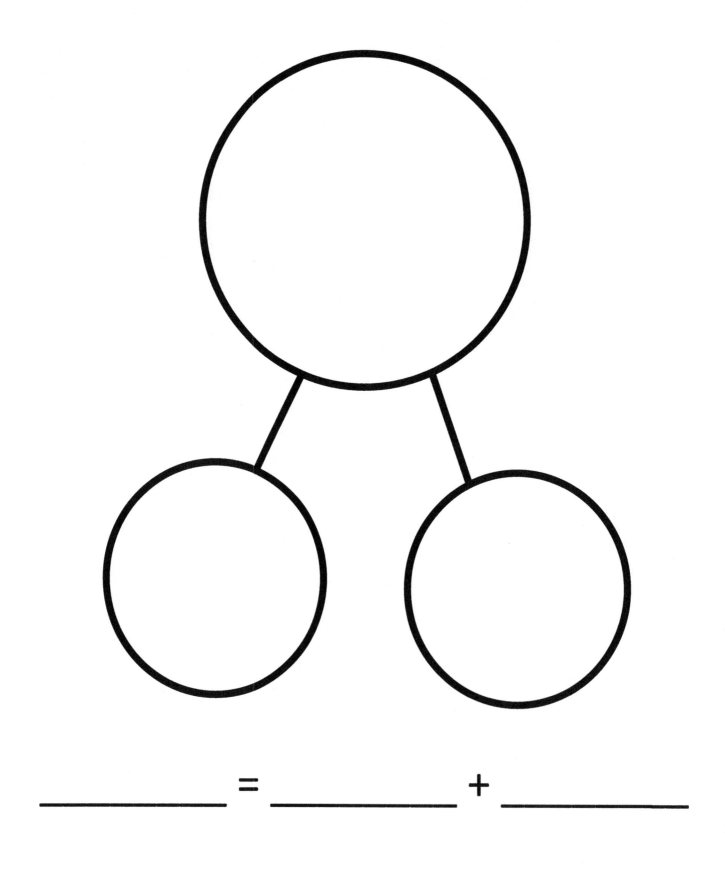

_____ = _____ + _____

_____ + _____ = _____

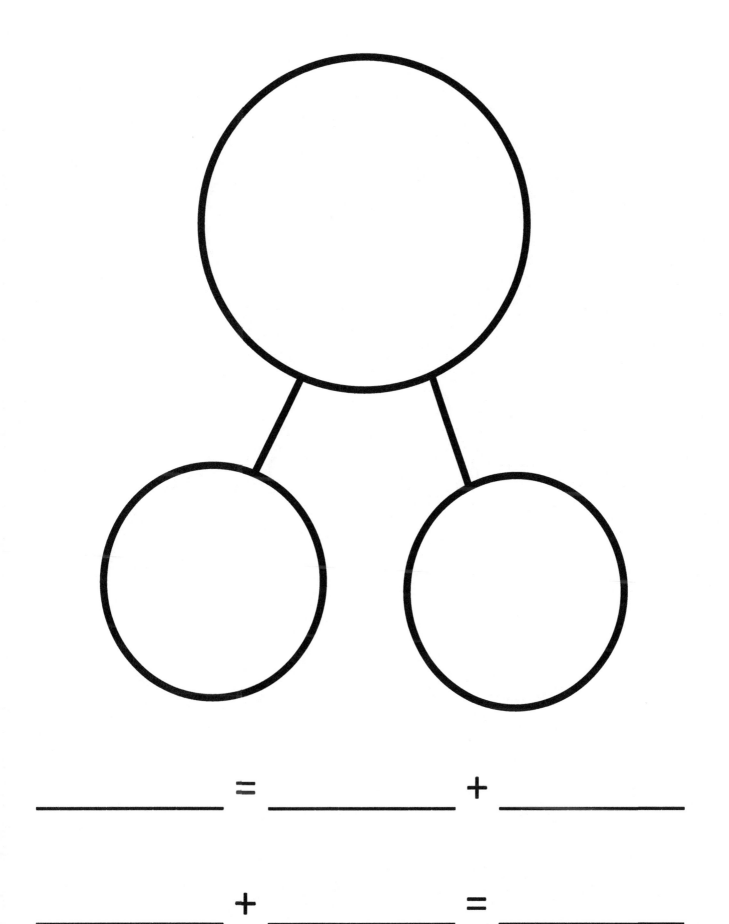

_____ = _____ + _____

_____ + _____ = _____

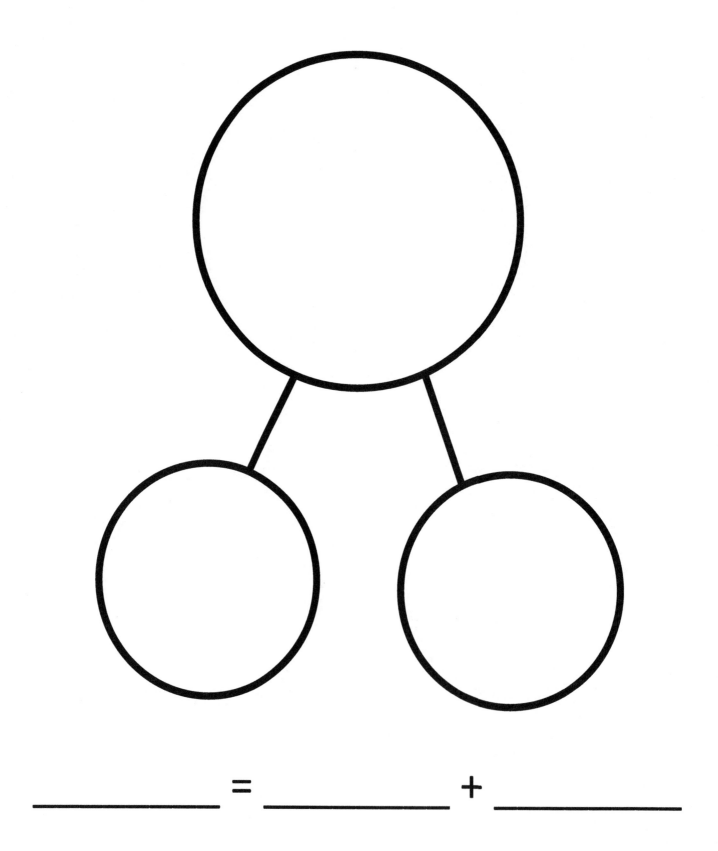

_____ = _____ + _____

_____ + _____ = _____

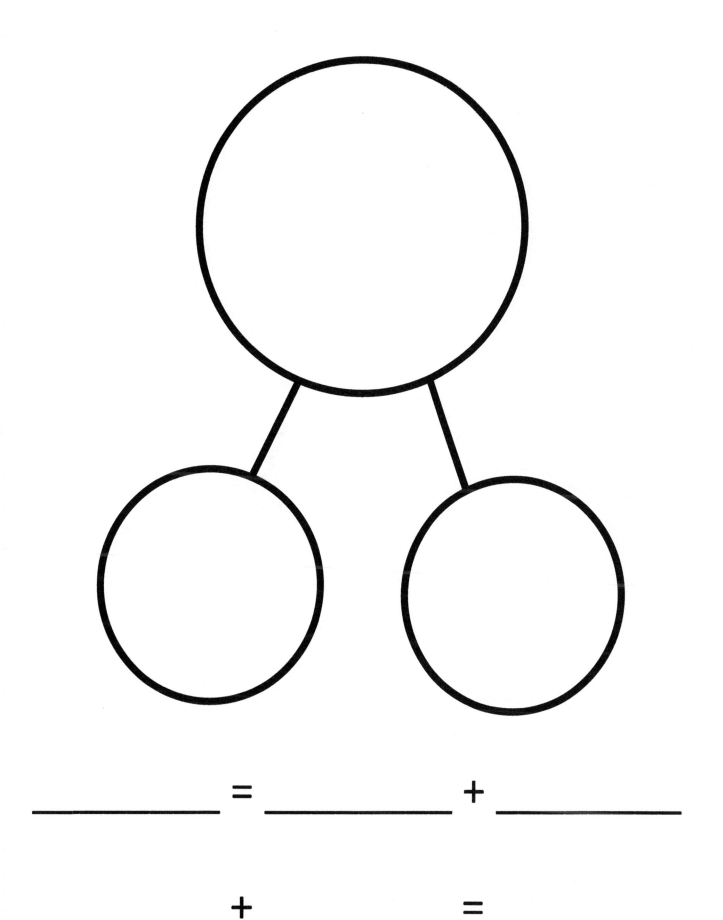

_____ = _____ + _____

_____ + _____ = _____

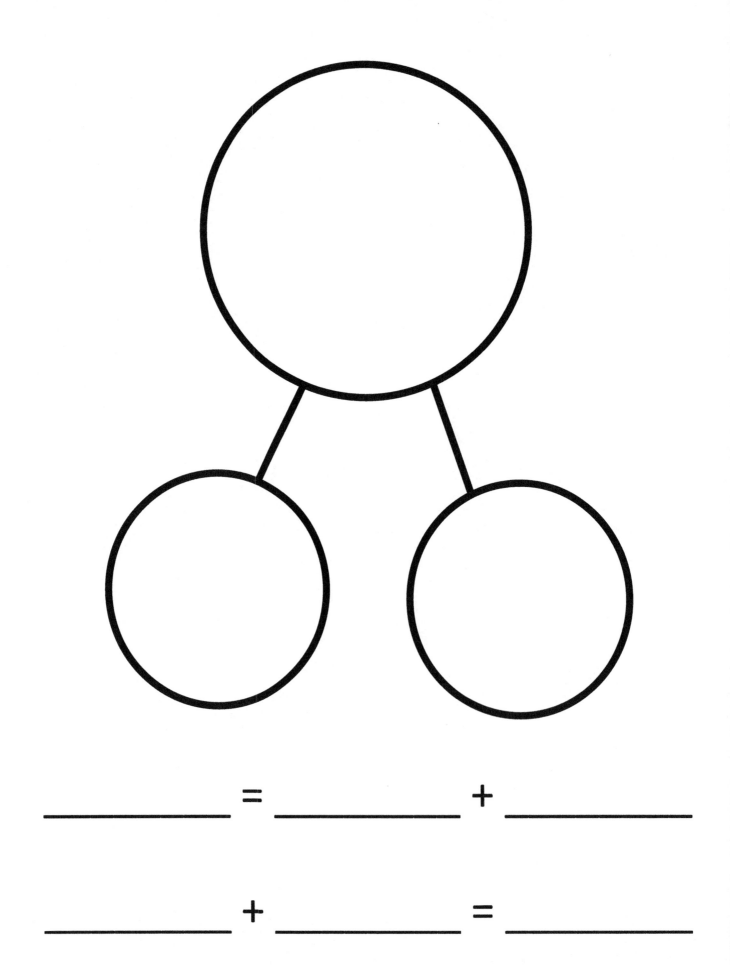

_____ = _____ + _____

_____ + _____ = _____

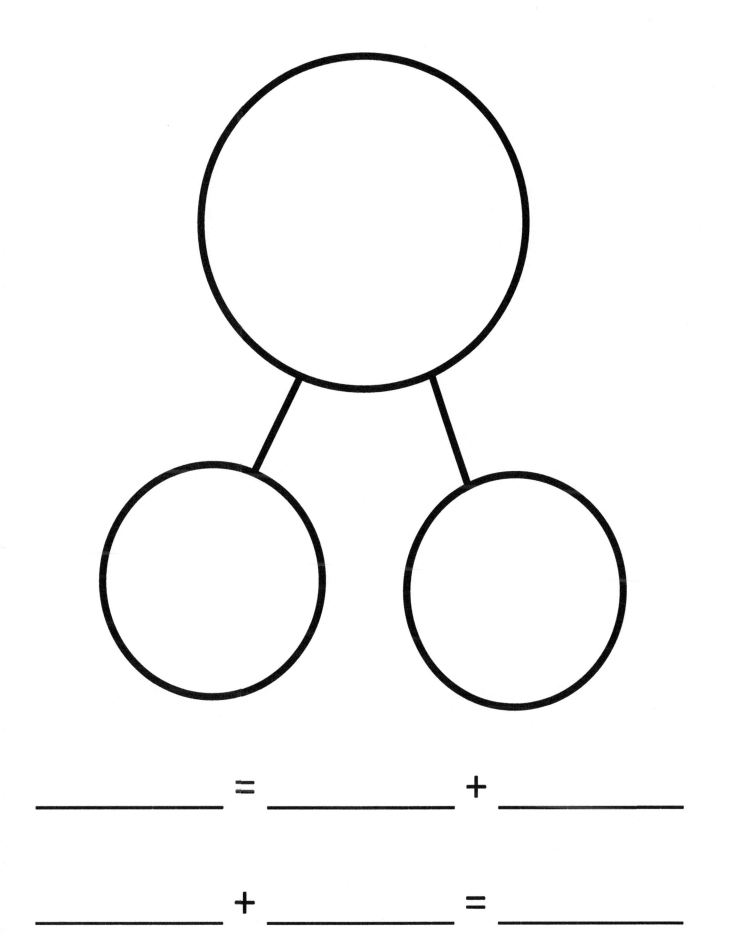

_____ = _____ + _____

_____ + _____ = _____

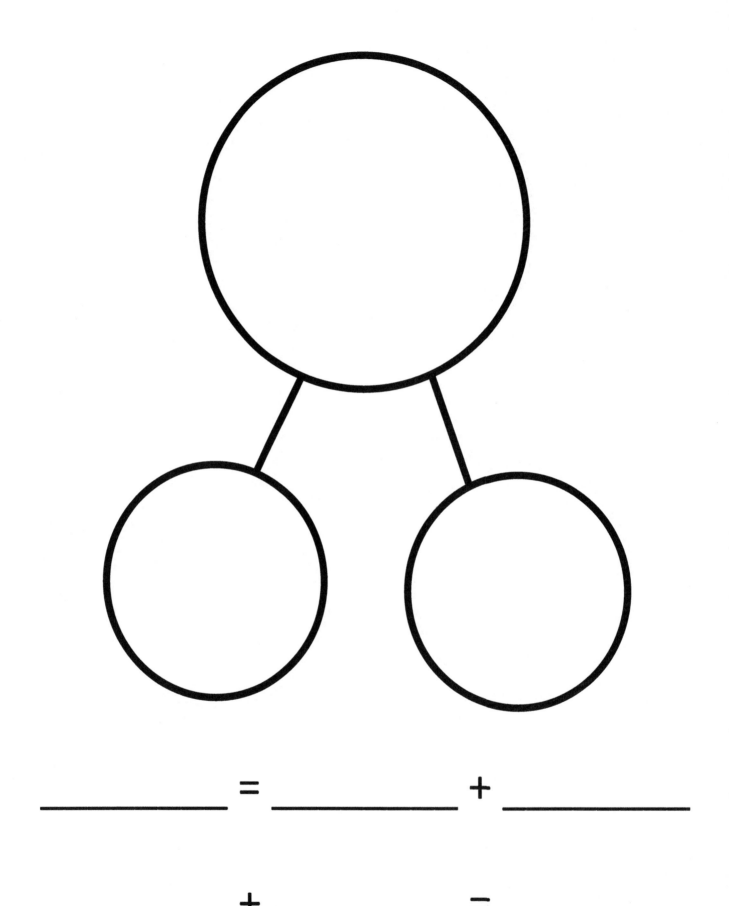

_____ = _____ + _____

_____ + _____ = _____

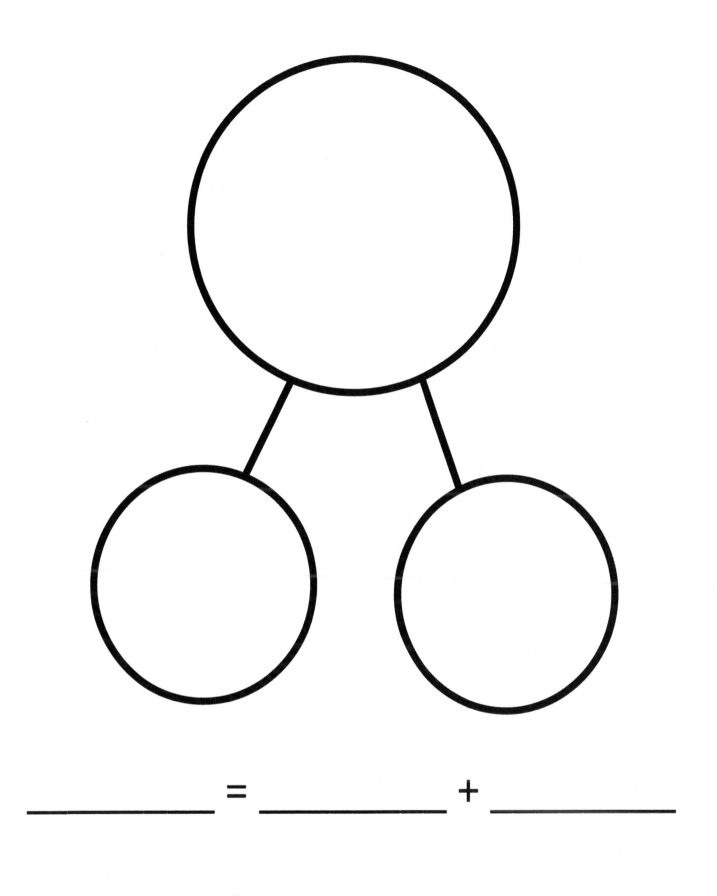

_____ = _____ + _____

_____ + _____ = _____

Printed in Great Britain
by Amazon

18260986R00061